JN119007

GAIA

J. Lovelock

# 地球生命圏

## ガイアの科学

J・ラヴロック
星川 淳——訳

工作舎

# 地球生命圏——ガイアの科学▼目次

# 地球生命圏

ガイアの科学

J・ラヴロック
星川 淳——訳

「母なる大地」という概念や、ギリシア人たちが遠い昔〈彼女〉をガイア（Gaia）と呼んだような考え方は歴史上ひろくみられるものであり、いまなおもろもろの大宗教に説かれるひとつの信条の基盤ともなってきた。自然環境に関する事実の集積と、生態学の進展にともなって、最近、生命圏（バイオスフィア）は土壌や海洋や空中を自然生息地とするありとあらゆる生き物たちの単なる寄せ集め以上のものではないかという推測がなされるようになっている。古来の信条と現代の知識は、宇宙飛行士たちがわが目で、われわれがメディアを介して、宇宙の深い闇に浮かぶまばゆいばかりの美しさに包まれた地球を見たときの驚異の中に融合したといえよう。けれども、この感覚がいかに強いものであれ、それだけで母なる地球が生きているという証拠にはならない。宗教的信条と同様、それは科学的に検証不可能であって、さらなる理論的考察に耐えることができないのである。

宇宙空間への旅は、地球を見る新たな視座を提供するという以上の意味をもっていた。外空間からはまた、地球の大気や表面についての情報が送り返されて、惑星の生物と無機物間のさまざまな相互作用に関する新しい洞察をもたらしてくれたのである。ここからひとつの仮説、モデルが現われた。

つまり、地球の生物、大気、海洋、そして地表は単一の有機体とみなしていい複雑なシステムをなし、われわれの惑星を生命にふさわしい場所として保つ能力をそなえているのではないかという仮説である。

本書は、地球のこうしたモデルを確立してくれる事実を求めて、時空を旅した者の手記である。探索はほぼ一五年前にはじまり、天文学から動物学にいたる広範な科学の諸領域にわたっている。

このような旅は波乱に富んでいる。分野と分野の境界はそれぞれの教授連によってしっかりと守られているし、ひとつの領域内にはいっても種々の秘密言語を学ばねばならないからである。ふつう、この手の大旅行は途方もなく高くつき、新しい知識を生みだす可能性も少ない。ただし、戦時下においてなお国家間の交易がしばしば続行するように、もしなにかしら交換品を持っていれば、化学者が気象学や生理学といった遠くの分野まで出かけてゆくことは不可能ではない。通常、交換品とは一片のハードウェアか技術をさす。さいわい私は、重要な化学分析テクニックであるガス・クロマトグラフィーを開発したA・J・P・マーティンと短期間ながら仕事をともにする機会に恵まれた。その期間中、私はいくつかの装飾をつけ加えて、彼の発明の幅をひろげることに手を貸した。そのひとつが、いわゆる電子捕獲検出器である。この装置は、ある種の化学物質の痕跡を検出するその精緻な感度で知られている。この高感度こそ、南極のペンギンから合衆国の授乳婦まで、地球上のあらゆる生物に殺虫剤が残留しているという発見を最初に可能にしたものであった。有毒化合物の遍在が生命圏（バイオスフィア）におよぼす悪影響についての懸念に事実的な裏づけを与え、レーチェル・カーソンの問題作『沈黙の春（*Silent Spring*）』の執筆をうながしたのはこの発見であった。電子捕獲検出器はその後もひきつづき、他の有毒化合物が、本来あるべからざる場所にわずかながらも見のがせない量で存在していることをあばいている。そうした侵入者には――ロスアンジェルスのスモッグの有毒成分であるＰＡＮ（硝酸過酸化アセチル）、人里離れた自然環境にさえ見いだされるＰＣＢ群（ポリ塩化ビフェニル）、そしてもっとも新しいところでは、大気圏全般にわたって検出されるクロロフルオロカーボンと酸化窒素（成層圏内のオゾン濃度を低下させる物質と考えられている）――などが含まれる。

電子捕獲検出器が交易品のなかでもとくに珍重されるものであることはまちがいなく、おかげで私はさまざまな科学分野をめぐってガイアを探索することができたし、文字どおり地球そのものをめぐり歩くこともできた。けれども、交易人という役柄のおかげで分野を超えたインターディシプリナリーな旅が可能になったとはいえ、それはけっして楽なものではなかった。過去一五年は生命科学において大きな混乱のあった時期であり、とりわけ科学が権力政治に取りこまれた領域でそれがひどかったからである。

有毒化合物の大量使用にもとづく危険について警告を発したとき、レーチェル・カーソンの問題提起のしかたは科学者ではなく唱道者としてのものだった。言葉をかえるならば、彼女はみずからの主張を裏づける事実を取捨選択したのである。彼女の行動によって生業が危うくなったのを察知した化学産業は、同様に選択的な反論、つまり弁護論をもってそれにこたえた。これは地域社会全般を脅かす性質の問題において、人びとのための公正をはかるにはふさわしいやりとりだったかもしれないし、おそらくこの場合には科学的にも許容されうるだろう。しかし、これによってひとつのパターンができてしまったことも否めない。以来、環境にかかわる幾多の科学的議論や事実が、あたかも法廷か公聴会で扱われるかのごとく提出されるようになっている。一般的な関心事について民主的な大衆参加を促すという場合にはいいかもしれないが、これが科学的真理の発見に最良の方法といえないことはくれぐれも明記されるべきである。真理は戦争の最大原因といわれているし、また法律において陳述を擁護するため選択的に使われればその価値はさがるものなのだから、要注意。

環境問題に関して、科学者の世界はいくつかの相克グループに分かたれているようにみえ、そこではたまたま自分の属する集団のドグマに従うという強い圧力がはたらいている。本書の前半六章は社会的論争にかかわるものではない。けれども、ガイアと人類について論ずる最後の三章では、強大な力が拮抗するひとつの戦場に踏みこんだことをわきまえているつもりである。

アラン・パークス卿は、その著書『セックス、科学、社会（*Sex, Science and Society*）』の中で「科学け神聖になりすまさずして真剣になることができる」と述べている。私は執筆にあたってこの賢明な言葉を心にとめておくよう努めたが、通常、精確ではあっても秘教的な言語(エソテリック)（科学言語をさす——訳者）で表現される事象を一般読者にむかって書くという課題には、ときとして完全に屈してしまった。結果として、文章の中に擬人論(アンソロポモルフィズム)と目的論(テレオロジー)の合併症におかされたようなものがあったらお許し願いたい。

文中、ガイアという言葉をしばしば仮説そのものの略称として用いている。つまり、生命圏(バイオスフィア)は自己調節機能をもった存在であり、化学的物理的環境をコントロールすることによってわれわれの住む惑星の健康を維持する力をそなえている、という仮説である。ときとして、ひどくまわりくどい言い方をしなければ、ガイアが衆知の生き物であるかのごとく語らずにいるのは困難だった。とはいえ、これは船に乗る人たちが船を「彼女」と呼ぶこと以上におおげさな意味でいっているわけではない。船に使われている木材や金属でさえ、特別に設計され組み立てられれば、単なる部分の寄せ集めとははっきりちがう、それなりの特徴をもった複合体になるということなのである。

本書を書き終えてまもなく、一九五八年の『アメリカン・サイエンティスト』誌上に、アルフレッド・レッドフィールドの論文を見つけた。そのなかで彼は、大気と海洋中の化学成分が生物学的にコントロールされているという仮説を提出しており、その裏づけとして元素の配分をあげている。ガイア仮説にたいするレッドフィールドの貢献を発見して、ここに紹介できたのはさいわいだったが、これと同様な考え方にゆきついた人びとはほかにも大勢いるにちがいないし、なかにはそれを発表しているケースもあるだろう。生きている地球というガイアの概念は、過去において主流科学のうけいれるところではなく、したがって早く蒔かれすぎた種は芽を出せずに、科学論文の分厚い腐植土に埋もれてしまったのかもしれない。

本書のように幅ひろい基盤をもつテーマは多大な助言を必要とするものであり、辛抱づよく無条件な支援を惜しまなかった多くの同僚たちには心から謝意を表したい。とりわけ、ボストンのリン・マーギュリス教授は変わらぬ協働者であり案内役となってくれた。また最初にガイアについて書くことをすすめてくれたマインツのC・E・ユンゲ教授、ならびにストックホルムのB・ボリン教授、そして探索の続行を励ましてくれた同僚であるコロラド州ボールダーのジェームズ・ロッジ博士、シェル研究所のシドニー・エプトン氏、レディングのピーター・フェルゲット氏にも感謝している。

とくに感謝にたえないのはエヴェリン・フレーザー女史で、とりとめのない語句のモザイクに読解可能なまとまりをつけて、見事に私ができればそうしたかったような文章に仕上げてくれた。

最後に忘れてならないのは妻のヘレン・ラヴロックの力であり、タイプ原稿の作成だけでなく、執筆と思索が可能な環境をつくり、守ってくれたのは彼女であった。

巻末に、章ごとの引典と補足的参考文献を掲げておいた。文中に使った術語についても簡単な定義と説明を加えることにする。

# 第一章▼序章

宇宙研究の特筆すべき副作物は新しいテクノロジーではない。
その本当のボーナスは、われわれが人類史上はじめて
宇宙から地球を眺める機会をもったということであり、
その球状の美に包まれた瑠璃色の惑星を
外側から見て得られた情報が、
まったく新しい一連の疑問や解答をもたらしてくれた
ということなのではなかろうか。

## 1——火星の生命探査計画にはじまる

これを書いているいま、二台のバイキング宇宙船がお隣りの惑星である火星のまわりをまわりながら、地球からの着陸指示を待っている。その使命は、現在かあるいは遠い過去における火星に生命の存在、ないしはその存在証拠を探ることである。本書もやはり生命の探索に関するものであり、ガイアの探求とは、地上最大の生命体を発見しようとする試みにほかならない。われわれの旅は、空気という透明な容器に包まれて地球の表面に繁殖したほとんど無数に近い生命形態——それらのすべてが生命圏(バイオスフィア)をなす——を明らかにするだけに終わるかもしれない。けれども、もしガイアが実在するとすれば、われわれ自身やほかの全生命体は、全体としてこの惑星を生命にふさわしい快適な住み家として維持する力をもった巨大な生き物の部分であり、パートナーであることになる。

ガイアの探求はいまから一五年以上前、NASA(合衆国の国立航空宇宙局)が最初に火星上の生命を探索する計画を立てたときにはじまった。だから、本書の開幕を、冒頭でふれた二台の機械製バイキング(古代スカンジナビアの海賊)たちの素晴らしい火星旅行にささげるのは、まことに当を得たことだといえよう。

一九六〇年代の初頭、私はコンサルタントとしてパサデナにあるカリフォルニア工科大学のジェット推進研究所をたびたび訪れた。私の参加したチームは、のちに屈指の宇宙生物学者ノーマン・ホロウィッツに率いられたが、その主目標は火星その他の惑星上に生命を探知する方法を考察することだった。私が受けた依頼は、比較的単純な器具設計に関するアドバイスだったのだが、幼年期をジュール・ヴェルヌやオラフ・ステープルドンの著作で彩られた者にとって、現場で火星探査計画を論ずる機会に恵まれたことは大きなよろこびだった。

当時の実験計画はおおむね、火星上における生命の形跡は地球上のそれと似たようなものだろうという仮定の上に立っていた。そこで、提案されていた一連の実験のひとつでは、火星の土壌標本を取って、それがバクテリアや菌類その他の微生物の生存にふさわしいかどうかを調べる、自動微生物研究室のようなものを送りこむことになっていた。さらに土壌試験のつづきとして、その現存が生命活動の指標となるような化合物を探しだすことが計画された。蛋白質やアミノ酸、そしてとくに、有機含有物が偏向光を時計まわりにねじる性質をそなえた光学的に活性な物質などがそれにあたる。

おそらく直接的なかかわりがなかったせいだろうが、一年あまりのうちにこの魅惑的な課題に触れることからくる高揚感はひいてゆき、私は「もし火星になんらかの生命形態があるとして、はたしてそれが地球のライフスタイルにもとづいたテストにあらわれるものだろうか?」といった現実的な疑問を発してみたり、「生命とは何か？　そして、それはどのようにして認識されるのだろうか？」といったより困難な疑問を抱いたりするようになっていた。

依然として希望に燃えたジェット推進研究所の同僚たちのなかには、私が懐疑的になってゆくのをシニカルな幻滅と勘ちがいして、「ふうん、それじゃ君ならどうする？」と聞き返す者もいた。それにたいして当時の私は、「エントロピーの減少に注目するだろうな。それが一般にあらゆる生命形態の特徴なんだから」というような漠然とした回答しかできなかった。この回答がよくて非現実的、悪くてまったくの昏迷としか受けとられなかったのはもっともだろう。これまでエントロピーほど混乱と誤解を招きやすかった物理概念はないのだから。

エントロピーとは無秩序の同義語といっていいものだが、同時に、あるシステムの熱エネルギーの消散率として精確な数学的表現が可能である。エントロピーはいく世代にわたって学生殺しだったし、多くの人びとのなかで衰退や崩壊と結びついた恐ろしいイメージをもっている。というのも、熱力学の第二法則は、いっさいのエネルギーがついには普遍に分配された熱として消散し、有効な仕事には使えなくなるであろうと述べており、不可避宿命的な宇宙の荒廃と死を暗示しているからである。

火星探査用にはとりあげられなかったが、生命のしるしとしてエントロピーの減少、あるいは逆転を求めようという考えは私のなかに根をおろした。その考えは成長し、実をつけ、ついにはダイアン・ヒッチコック、シドニー・エプトン、ピーター・シモンズ、なかでもリン・マーギュリスなど大勢の同僚たちの助けを得て、本書のテーマである仮説へと進化発展していったのである。

ジェット推進研究所からウィルツシャーの静かな田舎へ帰れば、生命の本性やどこでどんな姿をしていてもそれを認知できる方法について、思索と読書を深める時間があった。ところが、科学文献を探せば、どこかに物理的プロセスとしての生命の包括的定義が見つかり、それをもとに生命探査実験を考案することができるだろうという私の期待は裏切られ、逆に生命そのものの本質についていかにわずかしか書かれていないかを知って驚かざるをえなかった。現在のような生態学への関心や、生物学におけるシステム分析の応用は当時まだかろうじてはじまったばかりであり、生命科学には依然として講義室のほこりっぽい空気がまとわりついていた。さまざまな生物種のありとあらゆる側面については、その内奥部から最外層まで豊富なデータが集積されていたにもかかわらず、膨大な事実の百科全書的羅列のなかに、肝腎かなめの生命そのものはほとんど完全に忘れ去られていた。そうした文献類はひいき目に見ても、まるで他世界から来た一群の科学者たちが地球のテレビを一台持ち帰って、それについて報告しているような専門家のレポート集としか読めなかった。化学者はそれが木とガラスと金属からできているという。物理学者はそれが熱と光を放射したという。エンジニアはそれを支えている車輪が小さすぎて、平面上をなめらかに走行するには取りつけ場所がおかしいという。が、誰ひとりとしてそれが何であるのかに言及していないのだ。

この陰謀じみた沈黙は、科学が別べつな分野に細分化されていて、それぞれの専門家はほかの誰かが肝腎な仕事をやってくれていると決めこんでいるせいもあるかもしれない。ある生物学者は、生命のプロセスはもう物理学かサイバネティックスのなかになんらかの数学定理としてじゅうぶん記述されているだろうと信じこんでいるかもしれないし、ある物理学者は、それがもう分子生物学の深遠な論文のなかに事実として書かれていて、ひまができたら読めばいいものと決めこんでいるのかもしれない。けれども、おそらくこの問題に関してわれわれの心が閉ざされている最大原因は、われわれがもうすでに、コンピュータ用語なら「ROM（読み出し専用記憶装置）」とでも呼ぶであろう遺伝的本能のなかに、実に迅速で高性能の生命認識プログラムをそなえているからにちがいない。相手が動物であれ植物であれ、われわれが生き物を認識するとき、それは即時かつ自動的である。そして、動物界におけるわれわれの仲間たちも同じような能力をもっているようにみえる。この強力で効果的ながら無意識の認識プロセスは、もともと生存要素として進化したことにまちがいない。すべて生きているものは食べられるかもしれないし、致命的かもしれないし、友好的かもしれないし、攻撃的かもしれないし、あるいは潜在的なつがいの相手かもしれず、ことごとくわれわれの福利と生存にとって最重要問題である。けれども、反面その自動認識システムは、われわれが生命の定義について意識的な思索を傾ける能力を麻痺させてしまったようにみえる。生まれながらにしてそなわっているプログラムのおかげで明々白々、まちがえようのないものを、なぜわざわざ定義する必要があるだろうか？　おそらく、それが飛行機の自動操縦装置のように意識的な理解がなくとも作動する自動的なプロセスになっているのは、まさにそうした理由によるものだろう。

サイバネティックスという新しい科学でさえ、この問題にはアタックしていない。バルブ開閉式の水槽のような単純なものから、読者がこのページに目を走らせるのを可能にする複雑な視覚コントロールのしくみまで、あらゆる形態のシステムの運行を研究対象にしているのにである。人工頭脳のサイバネティックスに関してはじつに多くのことが語られ、書かれてきたが、本物の生命をサイバネティックス的に定義するという問題は未回答のままであり、話題にされることも少ない。

今世紀において、数人の物理学者が生命を定義しようと試みた。なかでもバナール、シュレディンガー、そしてウィグナーはそろって同じ一般的結論に達している。生命とは周囲の環境から物質あるいは自由エネルギーを取りいれることによって内的なエントロピーを減少させ、その結果変衰した形の物質やエネルギーを排出する開放または持続システムの現象部類に属する、というものである。しかし、この定義は把握しにくいばかりか、生命探知という特殊な応用にたいしてはあまりにも一般的すぎる。荒っぽくいいかえるならば、生命とは豊富なエネルギー流があればどこにでも見いだせるプロセスのひとつである、ということにでもなろうか。生命は消費をしつつそれ自身を形成する傾向をもっているが、そうするためにはかならず周囲に質の低い産物を排泄しなければならない。

この定義は、流水中の渦巻やハリケーンや炎、あるいは冷蔵庫など多くの人造装置にさえも等しくあてはまることがわかるだろう。炎は燃えながら特徴のある形をとり、燃焼をつづけるためにはじゅうぶんな燃料と空気の補給を必要とするし、焚火の快い暖かさや舞い踊る炎が、廃熱と汚染ガスの排泄という支払いをともなったものであることもいまではわかりすぎるくらいわかっている。炎の形成によってエントロピーは局所的に減少するが、総体的なエントロピーは燃料消費につれて増大するのである。

これがひろすぎ、漠然としすぎているにしても、この生命の定義づけは少なくとも正しい方向を指し示してはくれる。たとえばこの定義によると、エネルギー流や原料が仕事に供されて結果的にエントロピーが減少する〈工場〉地帯と、廃棄物が捨てられる周囲の環境とのあいだにははっきりとした境界線、あるいは界面が存在することになる。また生命的なプロセスが起動し、維持されてゆくためには、ある最小限度以上のエネルギーの流動が必要だということもわかる。一九世紀の物理学者レイノルズは、気体や液体中の渦巻は、局所条件に対して流速がある臨界点を越えたときはじめて形成されることを発見した。レイノルズの無次元数は、流体の諸特性とその局所的流動境界がわかれば簡単に算出できる。同様に、生命がはじまるには、エネルギー流の大きさばかりでなくその質、あるいはポテンシャルがじゅうぶんでなければならない。たとえば、太陽の表面温度が摂氏五〇〇〇度のかわりに五〇〇度で、地球がそのぶんだけ近くにあってわれわれがいまと同じ熱量を受けとったとしよう。その場合、気候的には大差ないかもしれないが、生命はけっして発生しなかっただろう。生命は化学結合を断ち切るだけのエネルギーを必要とするのである。単なる暖かさではことたりない。

もし惑星のエネルギー条件を表わせるレイノルズの無次元数のようなものを決められたら、われわれにとっては一歩前進になるだろう。そうなれば、地球同様そうした臨界量以上の自由太陽エネルギーを享受している星には生命が存在することを予期できるだろうし、冷たい外惑星のようなエネルギー受容量の低いところには生命の可能性が薄いということになろう。

エントロピーの減少にもとづいた普遍的生命探知実験を考案するという仕事は、現在のところどうも成果が危ぶまれるものである。けれども、どんな惑星における生命であれ、原料や廃棄物のコンベアーベルトとして海洋や大気、あるいはその両者といった流体を媒質に利用せざるをえないことを推定して、私は、生命システム内部の凝縮されたエントロピー減少に関連した活動のなかには、コンベアーベルト地帯にあふれだすものがあって、その組成に変化をおよぼすのではないかと考えた。だとしたら、生命をおびた惑星の大気は、死んだ惑星のそれとははっきりちがってくるはずである。

火星には海洋がない。もし火星に生命が確立されたとすれば、それは大気圏を利用しないかぎり沈滞してしまったにちがいない。そうしてみると、火星は大気の化学分析にもとづいた生命探知法にふさわしい惑星だと考えられる。しかも、これなら着陸地点の選択にかかわりなく行なうことができる。これにたいして、ほとんどの生命探知実験は目標地域内でしか効力を発揮できない弱味をもっている。地球上でさえ、着陸地が南極の氷の上やサハラ砂漠だったり、ソルトレークの真中だったりしたら、局地的な探査法では生命の形跡を認める公算は少ないだろう。

## 2——地球生命への新たな視座

私がこんなことを考えている矢先、ダイアン・ヒッチコックがジェット推進研究所を訪れた。彼女の仕事は、火星上の生命探知に関するたくさんの提案について、その論理と得られる情報の予想量を比較検討することだった。大気分析によって生命を探知するという考え方は彼女の興味をそそり、私たちは協同でアイデアを進めてゆくことになった。われわれ自身の惑星をモデルに使い、私たちは、太陽熱輻射や地球表面における海洋と陸地の存在など既知の情報と照らし合わせたとき、地球大気の組成という単純な知識がどこまで生命の存在を証明できるものかを調べてみた。

その結果として、地球の実にありえないような大気は、それが表面から日々操作されており、その操作の主は生命そのものであるという説明でしかかたづかないことがはっきりしてきた。エントロピーにおける重要な減少——あるいは、化学者ならそれを「大気中の気体群にみられる不変の非平衡」とでもいいあらわすだろう——は、それ自体が生命活動の動かしがたい証拠なのである。われわれの大気中にメタンと酸素が同時に存在することを例にとってみよう。太陽光線にあうと、これらふたつの気体は化学的に反応して二酸化炭素と水蒸気になる。この反応の速度からして、空気中につねに存在するメタンの量を維持してゆくには、年間少なくとも一〇億トンのメタンが大気中に放出されなければならないことになる。それに加えて、メタンの酸化に使われる酸素を補給するなんらかの手だてがなくてはならず、これには少なくともメタンの二倍の酸素生産が必要なのである。地球のただならぬ大気組成を一定に保つために必要なこれだけの量の酸素とメタンを、無生物条件のもとで供給できる確率はよくて一〇の一〇〇乗分の一以下というところだろう。

こうした比較的単純な分析をするだけで、地球上に生命が存在するまぎれもない証拠がある。そしてこれは、火星ぐらいの距離から赤外線望遠鏡で観察できるものなのである。同じことはほかの大気ガス、とくに大気圏の全体を構成している高反応性の気体群についてもあてはまる。われわれの酸化大気にあって、酸化窒素やアンモニアの存在もメタンの存在と同じくらい変則的なものだといえる。

そもそも窒素が気体で存在することからしておかしい。地球をおおう豊かで中性の海洋を考えれば、窒素は化学的に安定した硝酸イオンのかたちで海中に溶けていてしかるべきだからである。

　私たちの発見と結論が、六〇年代中盤の地球化学の常識からするととんでもないものであったことはいうまでもない。ルービー、ハッチンソン、ベイツ、ニコレらの例外を除いて、ほとんどの地球化学者たちは大気を惑星的なガス放散の最終結果ととらえ、それにひきつづくさまざまな無生物的プロセスの反応が現状を決めたとしていた。たとえば、酸素はすべて、水蒸気の分解によって水素が宇宙空間へ逃げた残りだと考えられていた。生命は単に大気からもろもろの気体を借用し、手つかずのまま返してきたというのである。それにたいして、私たちは大気を生命圏（バイオスフィア）そのもののダイナミックな延長とみた。これほどラディカルな概念を発表してくれる刊行物を探すのは容易なことではなかったが、何誌かにつき返されたあと、カール・セイガンが彼の雑誌『イカルス』に載せようと申し出てくれた。

　とりあえず、単に生命探知実験としてみても、大気分析は皮肉な大成功をおさめたといえる。というのも、当時すでに、火星の大気がおもに二酸化炭素からなっており、地球の大気のような風変わりな化学的特性を示していないことはじゅうぶん知られていたからで、火星がおそらく生命なき惑星であろうということは、宇宙研究におけるわれわれのスポンサーたちにとっては歓迎すべからざるニュースだったのである。さらに悪いことには、一九六五年の九月、合衆国議会は当時ボイジャーと呼ばれていた最初の火星探険計画を放棄する決議をした。そしてつづく一、二年、他の惑星に生命を探るというアイデアも取りやめになった。

宇宙探険はいつも、なにかもっと金のかけがいのあるところへ金をつぎこもうとする人びとによって悪者あつかいされてきた。けれども、実際のところそれは、現実的といえば現実的だがドロ沼にはまりこんだような数多くの技術的失敗にくらべればはるかに安価なものである。残念ながら、宇宙科学の擁護者たちのほうも、とるにたらない技術的詳細ばかり強調するのがつねで、こげないフライパンだの完璧なボールベアリングだのを作りすぎるようにみえる。私に言わせれば、宇宙研究の特筆すべき副産物は新しいテクノロジーではない。その本当のボーナスは、われわれが人類史上はじめて宇宙から地球を眺める機会をもったということであり、その球状の美に包まれた瑠璃色の惑星を外側から見て得られた情報が、まったく新しい一連の疑問や解答をもたらしてくれたということなのではなかろうか。同様に、火星上の生命について考えることによって、われわれの何人かが地球上の生命を考える新たな視座を獲得し、地球とその生命圏(バイオスフィア)との関係についてひとつの新しい概念を生みだした、いやおそらくはひとつの非常に古い概念を復活したのである。

## 3――ガイア仮説の誕生

私にとって幸運中の幸運（いまのところだが）だったのは、宇宙計画のどん底がシェル研究所からの研究依頼と期を一にしたことだった。課題は、増大の一途をたどる化石燃料の燃焼といった現象が、世界的な大気汚染にどのような影響をおよぼすかを調べることである。これは一九六六年のことであり、「地球の友（Friends of the Earth）」が結成され、同種の圧力団体が汚染問題を大衆の眼前につきつける三年前であった。

芸術家と同じように、フリーの科学者というのはスポンサーを必要とするが、これが従属関係を意味することはまれである。思想の自由は大原則なのだ。こんなことは言うまでもないのかもしれないが、今日、ほかのことでは賢明な人びとが、こと多国籍企業となるとその研究すべて疑わしいとする傾向がある。と思えばいっぽうでは、共産主義国家の研究機関がやる仕事はマルクス主義の拘束をうけており、その理由で価値がさがると信じこんでいる人たちもいる。本書に記されたアイデアや見解は、あるていどまで私がそのなかで生活し、仕事をしている社会の影響をまぬがれないだろうし、とりわけ西洋における親しい研究仲間の数かずからは大きな影響をうけているにちがいない。私の知るかぎり、これらのゆるやかな圧力が私にかかる唯一のものであった。

　私にとって、世界的な大気汚染の問題とそれ以前の大気分析による生命探査をつなぐものが、大気が生命圏（バイオスフィア）の延長かもしれないという考えであったことはいうまでもない。もし生命圏（バイオスフィア）による反応や適応という可能性をみのがしたら、大気汚染の影響を理解しようとするどんな試みも不完全であり、おそらくは無効であろうと思われた。人間にたいする毒の効果は、肉体がそれを代謝したり排泄したりする能力によって大幅に緩和される。とすれば、生命圏（バイオスフィア）のコントロールをうけている大気に化石燃料の燃焼産物を放出した結果と、それが受け身の非有機的な大気におよぼす効果とはかなりちがうだろう。適応的な変化が、たとえば二酸化炭素の累積といった悪影響をやわらげるかもしれない。あるいは、そうした影響がひき金となって、たぶん気候的になんらかの補正的な変化をひき起こすかもしれない。そんな場合、生命圏（バイオスフィア）全体としてはけっこうなことだとしても、種としての人類にとってはありがたくないことになる。

　新しい知的環境のなかで働くことによって、私は火星のことを忘れ、地球とその大気に専念できるようになった。このより専心的なアプローチの成果が、クジラからヴィールスまで、樫の木から藻類まで、生きとし生けるものすべては全体でひとつの生命体をなしているという仮説であった。そしてその生命体は、みずからの総体的必要に応じて地球の大気をコントロールする能力をもち、構成要素ひとつひとつのそれをはるかに超えた機能と力をそなえているのである。

もっともらしい生命探知実験から、地球の大気がその表面の生命によって、つまり生命圏（バイオスフィア）によって積極的に維持され調節されているという仮説までの道のりは長い。本書では、こうした見方を裏づけるもっと新しい事実に多くをさいている。一九六七年の時点で、この仮説に踏みきる根拠はおよそ次のようなものであった。

☆地球上に最初の生命が現われたのはほぼ三五億年前のことである。そのときから現在まで、化石によると地球の気候はほんのわずかしか変化していない。ところが、太陽からの熱放射や地球の表面特性、大気の組成などが同じ期間に大きく変わってきていることはほとんどまちがいない。

☆大気の化学組成は、安定状態の化学的平衡からは想像もつかないものである。メタン、酸化窒素、そしてわれわれの酸化大気における窒素の存在さえ、化学的法則からすると一〇の数十乗分の一の確率しかもっていない。これほど大幅な非平衡は、大気が単に生物学的な産物だというだけでなく、おそらくは生物学的な構築物であろうことを示している。それ自体生き物ではないが、猫の体毛や鳥の羽根、あるいはスズメバチの巣に使われた紙くずのように、一定の環境を維持するためにデザインされたひとつの生命システムの延長なのである。こうして、大気中の酸素やアンモニアなどの気体の濃度は、そこから少しでもはずれれば生命にとって重大な脅威となるような最適値に保たれている。

☆現在および過去の歴史を通じて、地球の気候と化学特性はつねに生命にとって最適のものであったようにみえる。これが偶然で起こる確率は、ラッシュアワーの路上を目かくしで走ってかすり傷ひとつ負わないくらい低い。

ここまでくると、仮説的とはいえ、構成部分の総和からは予想できない特徴をもった惑星大の存在が生まれでていた。それには名前が必要だった。さいわい、同じ村に作家のウィリアム・ゴールディングが住んでいて、間髪をいれずこの生き物は「ガイア（Gaia）」と呼ぶのがいいだろうという。ガイアとはギリシア神話の大地の女神で、またの名をゲー（Ge）といい、地理学（geography）や地質学（geology）の語源にもなっている。古典にはくらい私だが、これが適切な命名であることは明らかだった。語呂のいい四文字だったし（英語では良かれ悪しかれ四文字の言葉が好まれる——訳者）、これなら「生物サイバネティックス的普遍システム趨勢／恒常性（Biocybernetic Universal System Tendency/Homeostasis）」

などという耳ざわりな頭字語を避けられる。それに、古代ギリシアでは、たとえおもてだった表現はされていなくとも、おそらくこうした概念そのものが生活に密着していたのではないかという気もした。科学者というのは通常都会生活を送る悪癖をもつとされているが、私のみるところ、いまだに大地に近い生活をしている田舎の人たちにとっては、ガイア仮説のごとき明々白々たることをとりたてて提起するなどわけがわからないらしい。彼らにとってそれは自明の理であり、いままでもずっとそうだったのだから。

私が最初にガイア仮説を発表したのは、一九六九年、ニュージャージーのプリンストン大学で開かれた地球上の生命起源に関する科学会議の席上だった。たぶん発表のしかたもまずかったのだろう。スウェーデンの化学者で、残念ながらいまは亡きラース・グンナー・シレンと会議録の編集にあたっていたボストン大学のリン・マーギュリス以外、誰ひとりとして関心を寄せなかったのはたしかである。その一年後、リンと私はボストンで再会し、以来この実り多き共同研究がはじまった。生命科学者としての彼女の知識と洞察は、ガイアの霊魂に実体をあたえる大きな力となり、私たちのチームワークはいまなお順調に続いている。

そのときから、私たちはガイアを、地球の生命圏(バイオスフィア)、大気圏、海洋、そして土壌を含んだひとつの複合体と定義している。つまり、この惑星上において生命に最適な物理化学環境を追求するひとつのフィードバック・システム、あるいはサイバネティック・システムをなす総体である。積極的なコントロールによってさまざまな条件を比較的安定した状態に保つという現象は、〈恒常性〉という術語でうまくあらわせる。

これまでのところ、ガイアはひとつの仮説にとどまっているが、その実在はともかく、ほかの有益な仮説同様すでに理論的価値はじゅうぶん発揮している。その追求自体が、有益な疑問や解答をいくつも生んでいるからである。たとえば、もし大気の役割のひとつが生命圏へ原料を運びこんだり運び出したりすることならば、すべての生物学的システムに必須のヨードや硫黄などを運搬する化合物の存在を想定した方がいい。その意味で、ヨードと硫黄があまりあまるほど豊富な海洋から運び出され、空中を経由して、両者とも不足している地表へ送られるという発見は価値あるものだった。その運搬化合物であるヨウ化メチルと硫化ジメチルは、海洋生物によって直接生産されることがわかっている。飽くことを知らない科学者の好奇心を考えれば、これら興味ぶかい化合物が大気中に存在することはガイア仮説の助けを借りなくともいつか発見され、その重要性が論ぜられていただろう。しかし今度の場合、それらはガイア仮説の帰結として積極的に探求され、そのとおり実在することが証明されたのであった。

もしガイアが存在するとすれば〈彼女〉とその複雑な生命システムのなかでもっとも優勢な動物種

である人間との関係、そしてその両者のあいだで逆転しつつあるとおぼしき力のバランスが重大問題なのは明らかである。本書の後半はそうした問題を論じているが、この本を書いた第一の目的は読者を刺激し、楽しませることにあった。ガイア仮説は、散策したりただ立ちつくして目をこらしたり、地球やそこで生まれた生命について思いをめぐらせたり、われわれがここにいることの意味を考察したりすることの好きな人びとのためのものである。これは、自然を、鎮圧され征服されるべき未開の力とみなす悲観的な見方にたいするひとつの代案(オルタナライヴ)であると同時に、われわれの惑星を、操縦士も目的もなく永遠に太陽の内軌道をめぐる狂った宇宙船とみる、同じくらい気のめいる地球像への代案でもあるのだ。

# 第二章▼太初（はじめ）に

空中に最初に酸素が出現したことは、
初期生命にとってほとんど致命的な大変動のはじまりだった。
凍結や沸騰、飢餓、酸性、あるいはゆゆしき代謝障害、
そして最後には毒による死を、
ただの偶然でまぬがれたなどというのはできすぎだろう。
けれども、もし初期生命圏（バイオスフィア）が
すでに単なる生物種のカタログ以上のものに進化し、
惑星的コントロールを身につけはじめていたとしたら、
われわれがそうした苦難の時期を
生きのびたことも理解しやすくなってくる。

## 1――苛酷な環境下での生命の出発

科学用語でイオン（aeon）とは一〇億年を意味する。岩石やその放射線から判断するかぎり、地球が宇宙空間において独立した存在を開始したのはいまから約四五億年前、つまり四イオン半前のことである。現在までに発見された生命の最初の形跡は、三イオン以前に形成された堆積岩のなかにある。けれども、H・G・ウェルズのいうように、銀行の通帳がその地域に生まれたあらゆる人びとの生存記録ではないのと同様、岩石標本も過去の生命に関する完全な記録とはいいがたい。知られていない何百万という生命形態や、それよりもっと複雑ながらまだ軟体の子孫たちがいて、未来になにひとつ残すことなく生き、繁栄し、死んでいったかもしれない。たとえをかえるならば、地質学の戸棚に骨を残すどころか、なんの痕跡もなく消えていった生命体が無数にあったかもしれないのである。

だとすれば、われわれの惑星上の生命の起源についてほんのわずかしか知られておらず、その初期の進化の道すじとなるとさらに未知であることは驚くにあたらない。しかし、地球が形成された母体である宇宙そのもののコンテクストにおける地球のはじまりについて、わかっているかぎりの知識をひもとけば、生命とそしておそらくはガイアが生まれ、相互の生存をはかりはじめた環境に関するすじのとおった推測をくだすことができるだろう。

　われわれ自身の銀河を観察すると、星の世界も生物の社会に似て、どの時点をとっても赤ん坊から百歳を越す老人まであらゆる年齢層がみられる。年老いた星ぼしのあるものは古参兵のようにひっそりと消え、あるものは輝ける火花を炸裂させながら華々しく散ってゆくいっぽう、衛星を蛾のようにまとわりつかせた新しい白熱球がいくつも形づくられてゆく。新しい太陽や惑星は星間のちりやガス雲が凝縮してできるとされているが、分光器によってそうした星間物質を観察してみると、そのなかには生命の化学的建造ブロックの素材となる各種の分子が豊富に含まれていることがわかる。まったくのところ、宇宙には生命の化合物がごまんと捨てられているようだ。ほとんど毎週のように、天文学の最前線からは宇宙のかなたでまたひとつ複雑な有機物質が見つかったというニュースがもたらされる。まるでわれわれの銀河は、生命に必要な交換部品がぎっしりつまった巨大な倉庫であるかにみえる。

　もしなにもかも腕時計の部品だけでできている惑星があったとしたら、長い時の流れのうちには――おそらく一〇億年ぐらいか――重力と休みない風の動きが、少なくとも一個ちゃんと動く腕時計を組み立てるだろうことは想像にかたくない。地球上の生命もたぶん同じようにしてはじまったのだろう。生命のもととなる個々の分子間の無数にして多様、かつ無作為な出会いが、やがて偶然、生命的なはたらきのできるある結びつきを生みだしたにちがいない。太陽光線を集め、そのエネルギーを使ってなにか物理法則をくつがえすような動きをやってのけることなどその好例である。（プロメテウスが天から火を盗むというギリシア神話の話や、アダムとイヴが禁断の木の実を食べるという聖書の一節は、われわれが考えるよりはるかに深い古代生物史にそのルーツをもっているのかもしれない。） その後、こうした原始的な結合形態がさらに数多く現われるにつれ、あるものはうまく結びついて、その結合から新しい性質や力をそなえたもっと複雑な組み合わせが生まれた。そして、実り多い連帯の産物はそれにかかわる部分部分をしのぐものであることから、そうした組み合わせどうしの組み合わせが、最後には生命そのものの諸特性をそなえた複合体を生みだしたと考えていい。太陽光線と環境内の分子を使って、みずからの複製をつくりだす力をもった最初の微生物の誕生である。

そのような出合いの連鎖が、最初の生命体につながる見込みはごくごくうすい。しかしいっぽう、原初の地球上で分子どうしが無作為にぶつかりあった回数も数知れない。つまり生命とは、ほとんど無限の可能性のうちに起こったまず絶対にありえない出来事なのである。が、それは起こった。少なくともそれはこのようにして起こったのであって、神秘的な種つけやどこかよそからの胞子の漂着によるものではなく、ましてなんらかの外部干渉によるものでないことを仮定しておこう。われわれは主として、進化しつつある生命圏（バイオスフィア）と惑星としての地球の初期環境にかかわっているのであって、生命の起源について必要以上に立ちいることは避けたい。

おそらく三イオン半前、生命がはじまる直前の地球はどんな状態だったのだろう。もっとも近い兄弟たちである火星と金星が失敗したらしいのに、なぜわれわれの惑星だけが生命を生み、育てることができたのだろうか。幼い生命圏（バイオスフィア）はどんな障害や災難に直面し、ガイアの存在はそれらを切りぬけるのにどれだけ役立ったのだろう。こうした興味ぶかい問いに答えをみつけるためには、まずおよそ四イオン半前、地球自身が形成された状況まで立ちもどらなければなるまい。

われわれの太陽系の起こりと前後して、超新星現象（スーパーノヴァ）があったことはほとんどまちがいないようだ。超新星とは巨大星の爆発をいうが、天文学者たちによると、この非運はつぎのようにして起こるらしい。ひとつの星が最初は水素の、のちにはヘリウムの核融合によって燃焼するにつれ、シリコンや鉄などそれより重たい元素が灰として星の中心部にたまってゆく。もし、このもう熱と圧力を発生しない死んだ元素の核塊が、われわれの太陽ていどの質量をはるかに越えると、それ自身の容赦ない重みにたえかねて、数秒のうちにほんの数千立方マイルの大きさへと崩壊してしまう。ただし、これは依然として一個の星の重さをもっている。中性子星と呼ばれるこのただならぬ物体の誕生は、宇宙的な大破局である。こうした激変プロセスの詳細はいまなおはっきり解明されていないが、大きな星の断末魔の苦しみは、巨大な核爆発の要素をすべてそなえていると考えてよかろう。超新星現象が発する途方もない光と熱と激烈な放射線の量は、そのピークにおいて銀河の星々すべてを合わせたものに等しい。

爆発というのが百パーセントの燃焼効率をもっていることは少ない。ひとつの星が超新星としての最期をとげると、鉄その他多量の燃えかす元素をはじめ、ウラニウムやプルトニウムを含む核爆発物質が、ちょうど水爆実験のときのちりの雲のように宇宙へまき散らされる。おそらくわれわれの惑星に関するもっとも不可思議な事実は、その大部分が恒星規模の水爆による放射性降下物のかたまりでできていることである。それから何イオンもたった今日なお、地殻のなかには不安定な爆発物がじゅうぶん残っていて、もとの出来事を極小規模で再現すること（人間による核エネルギー利用のことか――訳者）ができるわけだ。

二重星を中心とした恒星系というのはわれわれの銀河でよくみかけるものだが、いまはおとなしく行儀のよいわれわれの太陽にも、そのむかし大柄な連れがいて、水素のたくわえをあわただしく使いはたしたすえ、超新星として終わりをとげたのかもしれない。あるいは、近接した超新星爆発の残骸が星間に渦巻くちりやガスとまざりあって、そこから太陽とその諸惑星が凝縮形成されたことも考えられる。いずれにせよ、われわれの太陽系が超新星現象と結びついたでき方をしたのはまちがいないだろう。地球上にいまなお大量の爆発原子が存在することは、ほかの考え方ではうまく説明できない。

どんなに古めかしい単純なガイガー計数管を使っても、われわれが巨大な核爆発の放射性降下物のうえに立っていることは明らかである。われわれの体内でも、その超新星現象によって不安定になった原子が毎分三百万個も爆発し、遠い昔の烈火によってたくわえられたエネルギーを微量ずつ小出しにしている。

現在地球上にたくわえられているウラニウムは、危険な同位元素U二三五をわずか〇・七二パーセントしか含んでいない。この数値から計算すると、約四イオン前の地殻中のウラニウムは一五パーセントちかいU二三五を含んでいたことがわかる。読者が信じようと信じまいと、原子炉は人間が現われるずっと以前から存在していたし、その証拠に、自然の原子炉の化石が最近アフリカのガボンで発見されている。その原子炉は二イオン前、U二三五がほんの数パーセントであったころに活動していた。だとすれば、四イオン前の地球化学的なウラニウム濃度から考えて、自然な核反応が華ばなしいショーをくりひろげていたことはほぼまちがいない。近ごろはやりのテクノロジー蔑視にくみしていると、核分裂が自然なプロセスであることは忘れがちである。しかし、もし生命のような手のこんだものが偶然で組み立てられるならば、核分裂炉などという比較的単純な仕かけが同じようにしてできたとしても驚くにはおよばない。

このように、生命はおそらく昨今の環境保護論者たちなら頭をかかえかねない強烈な放射能のもとではじまった。そのうえ、当時は酸素もオゾンもなかったから、地表は太陽からのすさまじい紫外線をもろに浴びていただろう。現在、放射線と紫外線の害はさかんにとりざたされ、それらが地球上の生命すべてを破壊しかねないと危惧している人たちもいる。けれども、生命の母胎そのものがそれらのすさまじいエネルギーで氾濫していたのである。

これはパラドックスではない。今日騒がれている危険は嘘ではないが、誇張されすぎる傾向がある。放射線や紫外線は自然環境の一部であって、いままでもずっとそうだった。生命が最初に発展しつつあったころ、放射能の破壊的な切断力はかえって有益なものだったかもしれない。失敗作は分解して基本的な化学部品を再成することにより、重要な試行錯誤のプロセスに拍車をかけただろうからである。とりわけ、それは無作為な新しい結合の形成をはやめて、最後にいちばんいい形態ができるのを助けたことだろう。

## 2——生命活動と大気の循環

ユーリーによると、地球の原始大気は太陽が安定しはじめたころの初期段階に吹き飛ばされてしまっただろうという。地球は一時期、現在の月のような裸の惑星だったかもしれないのだ。のちに、地球自身の質量と高い放射性を帯びたその蓄積エネルギーが内部の温度を上げた結果、各種のガスや水蒸気が湧出して空気と海洋ができたのである。この第二次大気がつくられるのにどのくらいの時間がかかったのか、またその当初の組成がどんなものであったかについては知られていないが、生命がはじまった当時、地球内部からくる気体群は現在火山から噴出するものよりも水素含有率が高かったと推測できる。生命の構成要素となる有機化合物の形成と存続にとって、環境内に一定の水素が存在することは必須条件なのである。

生命のもととなる化合物の構成元素としては、ふつうまず炭素、窒素、酸素、燐があげられ、ついで鉄、亜鉛、カルシウムを含む一連の微量元素がならぶ。ところが、宇宙の大部分がそれからできており、あらゆる生命体にみられる水素という遍在物についてはみすごしてしまうことが多い。しかし、その重要性と多才さは他にならぶものがないのである。水素は、生命をささえるほかの重要元素がつくるどんな化合物にも、かならず基本部分として含まれている。また太陽の原動力をになう燃料として、水素は、生命のプロセスを起動し維持する寛容な自由太陽エネルギーの主源泉にほかならない。あまりにもありふれていて、ついつい忘れてしまいがちな水という生命に不可欠な物質も、原子組成では三分の二が水素である。惑星上に自由水素がどれだけあるかによって、環境が酸化性のものか還元性のものかのめやすとなる酸化還元力が決まる。(酸化環境において元素は酸素をとりこみ、したがって鉄はさびる。水素の多い還元環境のなかでは、酸化化合物が酸素という荷物を手ばなす傾向がみられ、そのためさびは鉄にもどる。）正電価をもつ水素原子の量はまた、酸―アルカリの平衡、つまり化学者たちのいうpH（ペーハー）を決定する。酸化還元力とpH値こそ、ひとつの惑星が生命にふさわしいか否かを決める一大環境要因なのである。

火星に着陸したアメリカのバイキング宇宙船も金星に着陸したソ連のヴェネラも、生命がみあたらないという報告をしている。金星は現在までにその水素をほとんど全部失っており、その結果絶望的なまでに不毛の星となっている。火星にはまだ水があって、化学的に捕えこまれた水素はあるわけだが、惑星の表面があまりにも酸化されているため、生命の構築材料となる有機分子が存在しない。このふたつの惑星は死んでいるばかりでなく、これからもけっして生命を生みだすことはあるまい。

生命がはじまったころの地球の化学的条件について、直接的なデータはごくわずかしか得られていないが、いまの火星や金星よりも、巨大な外惑星である木星や土星の状態に近かったとされている。おそらく、何イオンも前には火星も金星も地球も、メタン、水素、アンモニア、そして水の分子の豊富なよく似た組成をしていたのだろう。これらの分子は生命を形づくる可能性を秘めているわけだが、ちょうど鉄がさび、ゴムが腐っていくように、時という偉大な酸化者の手にかかると、一個の惑星といえども、生命に必須の元素である水素が宇宙空間へ逃げていくとともに衰え、不毛になってゆく。

だとすると、生命がはじまった当時の地球は、水素を供出する還元性の大気をもっていたにちがいない。このような大気は、ガス放出によってじゅうぶんな補給をうけているかぎり、それほど高濃度の自由水素を含んでいる必要はなかった。メタンやアンモニアなどの分子担体(キャリア)のなかにある水素でまにあっただろう。これに類した大気は、いまでも外惑星の月にみられる。そこでは低温のおかげで、重力が弱くても水素供出型の大気をひきとめておけるのである。このような月や外惑星自体とちがって、地球や火星や金星には強い重力も低い温度もなく、生物学的な補助がなければ水素を長くひきとどめておくことができない。水素はあらゆる原子のなかでもっとも小さく軽いため、どんな温度でもいちばん動きがはやい。そこで、われわれの大気の外縁にある水素ガスは太陽光線によって水素原子に分解してしまう。これらの水素原子は地球の重力を脱出するだけのスピードをもっていて、宇宙空間へと消えてゆく。もし生物学的要因がなかったら、この飛散プロセスが地球上の生命進化に容赦ない時間制限をあたえていただろう。メタンやアンモニアという惑星本体からの湧出ガスだけでは、水素補給が追いつかなかったはずだからである。メタンとアンモニアにはもうひとつ重要な役目があった。大気に含まれるこれらのガスが毛布のようなはたらきをして、太陽の勢いがおそらくいまほど盛んでなかったころ、われわれの惑星をあたたかく包んでくれたのである。

地球の気候の歴史をながめてみると、ガイアの存在はいっそう色濃くなってくる。堆積岩に記されたところによれば、過去三イオン半のあいだ地球上の気候は、ほんの短期間であれ百パーセント生命に不向きであったことはなかった。不断の生命記録をたどると、海洋がいちどとして凍ったり沸騰したりしていないこともわかる。長い時をへて岩石に埋めこまれたさまざまな形態の酸素原子の比率から して、氷河期やいまよりいくぶん温暖だった生命のはじまり前後をのぞいて、地球の気候はつねにだいたい現在と同じようなものだったと推測できる。氷河期の寒波も、北緯四五度以北と南緯四五度以南の地帯を襲ったにすぎない。地球表面の七〇パーセントがその地帯にはいっていないことはみのがされがちである。つまり氷河期は残りの三〇パーセントに生息していた動植物に影響をあたえただけで、その三〇パーセントは、今日みられるように間氷期でさえ部分的に凍結している場合が多い。

過去三イオン半のあいだ気候が安定していたというのは一見なんの不思議もないかにみえる。地球はそのずっと以前にあの大いなる不断の輝き、太陽のまわりを安定した軌道でまわりはじめていたのだから、それは当然のことではなかろうか。ところが、それが当然ではないのである。典型的な恒星であるわれわれの太陽は、よく知られた標準的なパターンで進化してきた。そのことから考えて、地球上に生命が存在した過去三イオン半のあいだに、太陽のエネルギー出力は少なくとも三〇パーセント低下した。太陽からの熱量が三〇パーセント減少するということは、地球の平均気温が氷点を割るということを意味する。もし地球の気候が太陽の出力だけで決まるとしたら、生命の存在したはじめ

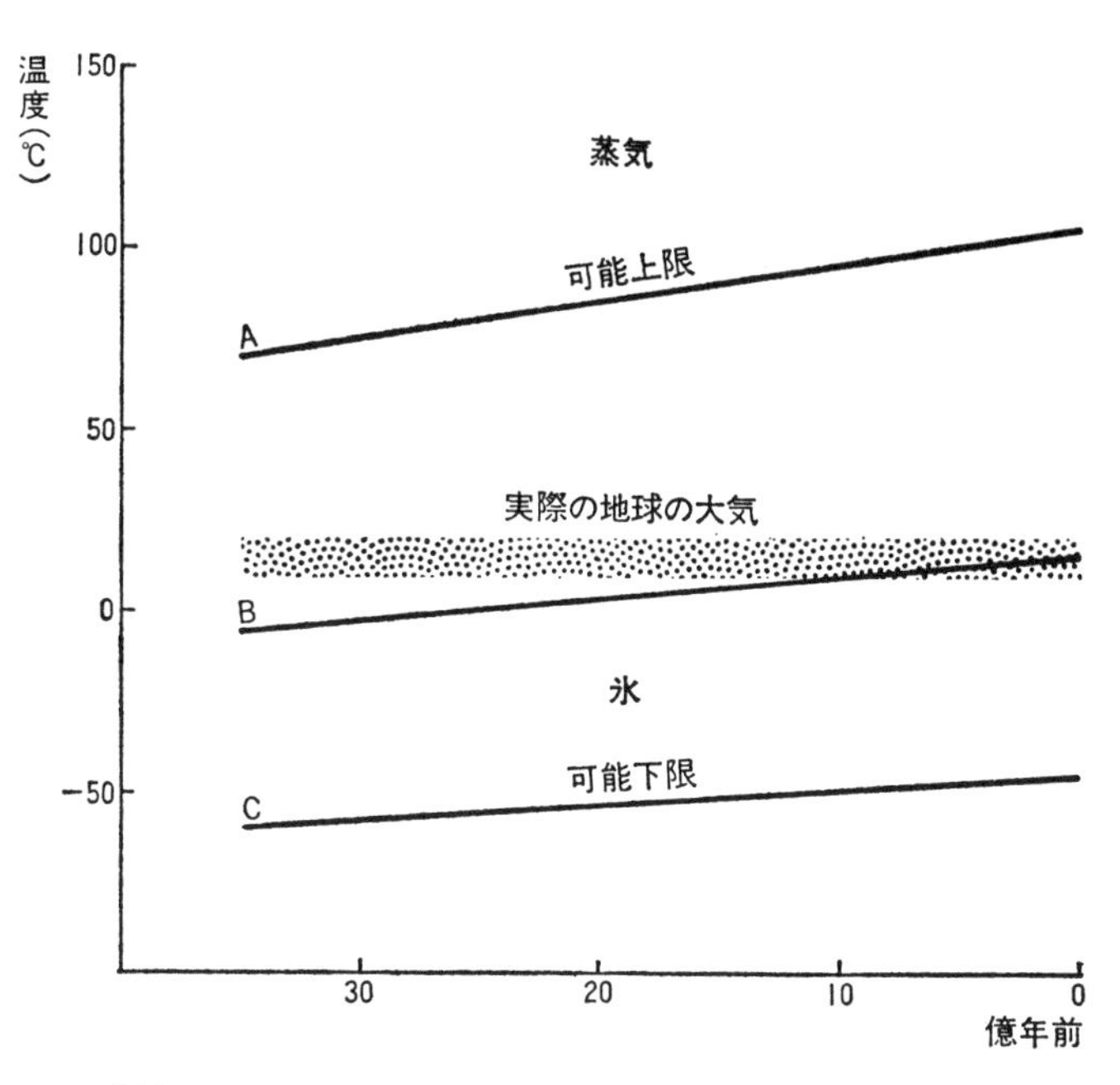


図1　3イオン半前に生命がはじまって以来、地球の平均気温は10℃と20℃にはさまれた細い帯の範囲内にとどまっている。もしわが惑星の気温が、太陽の出力や地球の大気と表面との熱均衡による非生物条件だけに規定されるとしたら、直線AとCであらわされる上限あるいは下限状況が起こったかもしれない。その場合、もしくは太陽の熱出力に受動的にしたがう直線Bという中間コースをとったとしても、全生命は消滅していただろう。

の一イオン半のあいだ、われわれの惑星は凍結状態にあっただろう。岩石記録や生命が存続していることじ自体からみて、そのような悪条件はなかったことがわかる。

もし地球がただののっぺりとした無生物の物体だったら、その表面温度は太陽出力の上下にしたがうはずである。石像にどんなに厚い着物を着せても、冬の寒さや夏の暑さから長期間守ってやることはできない。ところが、三イオン半のあいだ、地球の表面温度はなぜか安定して、生命に適した状態に保たれてきた。われわれの体温が夏冬をとわず、あるいは極地にいても熱帯にいても一定に保たれているのとよく似ている。初期のすさまじい放射能が、惑星を温暖にしておくのにじゅうぶんだったとも考えられよう。しかし実際には、規則的な放射性崩壊から計算して、このようなエネルギーによって惑星内部は白熱状態に保たれても、表面温度はほとんど影響をうけないことがわかる。

われわれの安定した気候に関しては、惑星科学者たちによっていくつかの説明がなされてきた。たとえば、カール・セイガンとその共同研究者ムレン博士による最近の報告では、太陽がいまより弱かった初期の地球において、空気中にあるアンモニアのようなガスが、はいってきた熱を保存する役割をはたしていたという。二酸化炭素やアンモニアといったある種の気体は、地球の表面から輻射される赤外線熱を吸収して、それが外空間へ逃げだすのを遅らせる。つまり着物の役割をするガスである。それらが着物よりすぐれている点は、透明なために、太陽から地球に送られてくる熱の大半をになう可視光線と近赤外線を通すことである。この理由で、それらはしばしば「温室（グリーンハウス）」ガスと俗称される。

ライセスター大学のメドウズ教授やヘンダーソン・セラーズ氏をはじめとする科学者たちのなかには、初期の地球は表面の色がいまより暗く、太陽熱の吸収率が高かったという説をとなえる人びともいる。宇宙空間へ反射される太陽光線の割合は惑星のアルベド（白色率）と呼ばれる。もし表面が完全な白色だったら、その惑星は太陽光線を全部宇宙へ反射してしまい、たいへん冷たくなるだろう。反対にもし完全に黒かったら、すべての太陽光線が吸収されて暖かくなるだろう。アルベドの変化がうす暗い太陽による熱の弱さを補いうることはたしかである。現在の地球の表面は適度な中間色で、しかも半分雲におおわれており、はいってくる太陽光の四五パーセントを反射している。

当時の地球は太陽からの熱流がいまより弱かったにもかかわらず、幼ない生命にとって心地よい暖かさだった。この気まぐれな冬の暖かさの唯一の説明は、二酸化炭素とアンモニアという「温室」ガスによる保護か、もしくはそのころの地球の陸地がいまとちがった配置になっていたことによる低いアルベドである。両方ともある程度の可能性をもった説明にはちがいない。が、そうした説明ではおよばなくなるあたりに、ガイアの最初の片鱗、あるいは少なくとも〈彼女〉の存在を仮定する必要がちらつきはじめるのである。

はじめのころ、生命はおそらくまず海中や浅瀬、河口、入江、川辺、湿地などをすみかにしただろう。そうした初期の生息地から、だんだんと惑星全体にひろがっていったのである。最初の生命圏（バイオスフィア）ができたとき、地球の化学的環境は変化を余儀なくされた。鶏卵のなかの栄養分のように、生命を生んだ豊富な有機化合物群が、幼ない生き物の初期成長に必要な食べ物をも供給したにちがいない。けれども、ひな鳥とちがう点は、生命にとって〈卵〉の外に栄養補給を求めることには限界があったことである。重要な基礎化合物が不足してくるにつれ、その赤ん坊は餓死か、それとも太陽光を原動力に、環境内のより基本的な原料から自分自身で建造ブロックを合成することを学ぶかの選択にせまられた。

この種の選択の必要はなんどとなく起きてきて、発展する生命圏（バイオスフィア）に多様性と独立とたくましさを教えたことだろう。また、捕食者と被食者の関係や、食物連鎖といったものが最初に現われたのもこのころだったと考えられる。有機体の自然死と腐敗が生物共同体全体に基本材料をもたらしたが、生き物を食べることによって基礎部品を集めたほうが便利なことに気づいた種もあったらしい。生態学が発達したおかげで、いまでは数学モデルとコンピュータを使って、自己閉鎖的な単一種やごく限られた混合の小集団（グループ）よりも、捕食者と被食者の織りなす多様な連鎖のほうが安定した強固な生態系だということを証明できるようになっている。もしこうした発見が本当だとしたら、生命圏（バイオスフィア）はその進化とともに急速に多様化していったにちがいない。

このような絶えまない生命活動の一部として、アンモニア、二酸化炭素、メタンといった大気ガスが生命圏（バイオスフィア）内を循環したことは重要である。ほかの供給源が枯渇しても、これらの気体が生命に不可欠な元素である炭素と窒素を供給してくれたのだろう。その結果、これらの気体の大気中濃度は低下したにちがいない。炭素と窒素は固定され、有機細屑（デトリタス）として海底に沈澱するか、あるいはおそらく炭酸カルシウムや炭酸マグネシウムとして原始生物の体内に吸収されたのだろう。アンモニアが分解してできた水素のあるものは、酸素と結びついて水を形成するというように他の元素と結合し、あるものは水素ガスとなって宇宙空間へ飛散していった。アンモニアからの窒素は、現在のように不活性な分子状態の窒素ガスとして大気中にとどまったのだろう。

　こうしたプロセスはわれわれの時間尺度からみるとゆっくりとしたものだったかもしれないが、アンモニアと二酸化炭素の含有率がしだいに低くなってゆくにつれ、大気組成が目にみえて変化するのには何億年もかからなかっただろう。もし惑星が、弱々しい太陽にかかわらず、これらのガスの毛布で暖かく保たれていたのなら、大気中の含有率が減れば表面温度は下がるのが当然である。セイガンとムレンは、生命圏（バイオスフィア）が、食物として奪ったアンモニアを合成し返還することを学んだ結果、気候の安定が保たれたのではないかという。もしそれが正しいとすれば、ここにまず最初のガイアの必要性があらわれるのではなかろうか。気候というのは元来不安定なものである。ユーゴスラヴィアの気象学者ミハラノヴィッチのおかげで、最近の氷河期は太陽をめぐる地球の軌道のわずかな変化によるものだということがわかってきた。南北どちらかの半球の受ける熱が二パーセント減少しただけで、氷河期の到来にじゅうぶんなのである。このことから、幼ない生命圏（バイオスフィア）が大気という毛布に頼っていたらたいへんなことになっただろうと想像できるはずである。その大切な時期に、太陽の出力は二パーセントどころか、いまより三〇パーセントも低かったのだから。そこで、もし現在でも氷河期を招来できるような二パーセントていどの寒冷化因子があったとして、どのような結果になったかを考えてみることにしよう。

温度の低下はアンモニアの毛布（ブランケット）を薄くするだろう。海面が冷えるにしたがって海洋のアンモニアガス吸収率は高まり、同時に生命圏（バイオスフィア）全体のアンモニア生産が落ちるからである。空気中にアンモニアが少なくなると熱が宇宙空間に逃げやすくなり、悪循環がはじまる。不可避的に急速な寒冷化が進む正のフィードバック状態である。つまり、温度が下がりつづければさらなる温度低下を防ぐ空気中のアンモニアがへり、とどめとして、温度が氷点に近づくにつれて雪や氷のカバーが急速に地球のアルベドを高め、宇宙空間に反射される太陽光が増大の一途をたどるのである。太陽がいまより三〇パーセント弱かったら、世界的に気温が氷点下かなり低いところまで急降下するのはまぬがれまい。地球は〝死の安定にしずまりかえった白い氷の球体となるだろう。

いっぽう、もし生命圏（バイオスフィア）が大気という毛布への依存度を低めようと、アンモニア合成をやりすぎれば、太陽が弱くても逆の悪循環が起こって、雪ダルマ式に温度上昇のはじまることが考えられる。温度が上がれば上がるほど空気中のアンモニアはふえ、宇宙空間に逃げる熱は少なくなる。同時に、水蒸気や保温性の気体群が大気中に蓄積して、最終的に惑星としての地球の状態は、温度がもっと低いだけで今日の金星に近いものになるだろう。気温は生命の耐久限界をはるかにうわまわる摂氏百度に近くなり、やはり安定してはいるものの死んだ惑星が生まれる。

雲の形成やその他まだわれわれの知らないさまざまな現象が自然な負のフィードバックとしてはたらき、少なくとも生命が耐えうるような条件を保ったのにちがいない。しかし、もしそうした安全弁がなかったとしたら、生命圏(バイオスフィア)は試行錯誤を通じて環境制御の術を学ばねばならなかったろう。最初は幅ひろいゆらぎをもって、そしてコントロールが上達するにつれ、生命に最適な状態に近く維持することを覚えたのである。それにはただ消費された量のアンモニアを補給するという以上のことが必要だろう。生産レベルを正しく保つには、気温と空気中のアンモニア量を感知する手だてがなければならない。生命圏(バイオスフィア)によるこの積極的な制御システムの開発こそ、それがいかに初歩的なものであれ、部分の複合からついにガイアが出現したというしるしにほかならなかったかもしれない。

## 3――生命圏(バイオスフィア)による環境調整

もし生命圏(バイオスフィア)が、ほかの大部分の生き物と同じく環境を自分の必要に応じて調整する力をもっているのだとしたら、いままで述べてきたような初期地球の気候的難関を切りぬける方法はいくつもあった。ほとんどの生物は、カモフラージュ、警告、あるいは誇示の目的でからだの色を変えることができる。アンモニアが減少したり、大陸の位置が変動したりしてアルベドが高くなっても、単に色を暗くすることで生命圏(バイオスフィア)が自分と地球とを暖かく保つことは可能だったかもしれない。ボストン大学のオーラミクとゴルービクは、ふつうアルベドの高い塩沼で、明るい色の微生物たちが季節の変化につれて黒っぽくなることを観察している。遠い祖先をもつ太古の保温手段の生きた記念物と考えられないだろうか。

反対に、もしオーバーヒートが問題の元凶だとしたら、海洋性の生命圏(バイオスフィア)が水面を断熱性をもった単分子層でおおうことによって、水分蒸発をコントロールできるだろう。もしこのようにして温暖な海洋からの蒸発がおさえられれば、大気中に水蒸気がたまりすぎることも、赤外線吸収による加速度的な温度上昇も防げる。

これらは、生命圏（バイオスフィア）が積極的に快適な環境を保つ手段の一例にすぎない。ハチの巣や人間の肉体のようなもっと単純なシステムを調べてみると、温度調節は単一のしくみではなく、おそらくたくさんのテクニックの組み合わせによって行なわれているらしいことがわかる。原始地球のような遠い過去の歴史は、けっして本当には解明されないだろう。われわれにできるのは可能性という立場から推測をくだすことだけだが、生命が変動の少ない気候に恵まれて存続したことはほぼ確実のようである。

生命圏（バイオスフィア）による最初の積極的環境修正は、気候と冷たい太陽に関するものだったかもしれないが、生命が存続するためにはほかにも微妙なバランスを保たなければならない要素はいくつもある。ある種の重要元素は大量に必要とされるし、微量でいい元素もある。有毒廃棄物やくずは処理され、できればうまく利用されねばならない。酸性はおさえ、全体的に環境の中性あるいはアルカリ性が保たれなければならない。海は塩からくなければならないが、塩からすぎてもまずい、等々、等々。これらは主な基準だが、ほかにもたくさんの要素がかかわってくるだろう。

すでにみてきたように、最初の生命システムが現われたときには、手近な環境から重要成分をいくらでもちょうだいできるという利点があった。そのなかで、成長する生命圏（バイオスフィア）は、空気や海や地殻という基本原料からそれらの成分を合成することを学んだのである。生命の拡散と多様化にともなうもうひとつの重要課題は、特定のメカニズムや機能に必要な微量元素の供給を確保することであった。細胞をもったあらゆる生物は、酵素と呼ばれる広範な処理物質（プロセッサー）、つまり触媒を用いている。これらの多くは、効果的なはたらきのためにある種の元素を微量に必要とする。たとえば、炭酸アンヒドラーゼという酵素は細胞と周囲の環境とのあいだの二酸化炭素のやりとりを助けるが、その形成に亜鉛を必要とする。他の酵素には、鉄、マグネシウム、バナジウムなどを必要とするものもある。コバルト、セレン、銅、ヨウ素、カリウムなども、現在の生命圏（バイオスフィア）のさまざまな活動に欠かせない微量元素である。過去において同様な必要が起こり、満たされねばならなかったことに疑いの余地はない。

はじめのうち、こうした微量元素は環境という貯蓄から引き出すというふつうの方法で集められたとみられるが、ときがたち生命が増殖するとともに、希少な元素をめぐる競合によってたくわえがへり、それ以上の拡張にブレーキがかかっただろう。もし可能性として、地球の浅水域が初期生命と手を組んだのだとしたら、これら重要元素の一部は死んだ細胞や骨格の沈下というかたちで活動現場からひき上げられ、海底へと降りそそいでいったのかもしれない。こうした細屑（デトリタス）はいったん沈澱すると通常他の堆積物の下に埋もれてしまい、重要微量物質は埋葬地が地殻のゆっくりとした断続的な隆起によってふたたび開かれるまで生命圏（バイオスフィア）から姿を消すことになる。地質学的歴史の全体を通じてみられる堆積岩の大岩床は、この仮差押えプロセスの力をはっきりと証明している。

生命が、この自分でつくった問題を自分流に解決したことはもちろんである。つまり、休みない進化の試行錯誤のすえに、死体が埋もれてしまう前に貴重な重要元素を抽出することを稼業にする掃除屋一族が現われたのだ。他のシステムのなかには、海中から希少な物質を取り入れるための複雑な化学的物理的ネットワークを発達させたものもあったろう。そうするうちに、これら独立した廃物回収作業は団結協力してより大きな生産性をめざすようになったにちがいない。こうした複雑な協同ネットワークはその部分部分にまさる特性や力をもっており、その意味でガイアの数多い顔のひとつと考えていいかもしれない。

産業革命以来、われわれの社会は必須物質の欠乏や地域汚染という大きな化学的問題にぶつかっている。初期の生命圏(バイオスフィア)も似たような問題と直面しただろう。おそらく、最初に環境から亜鉛を集めることを学んだ器用な細胞システムは、はじめのうち自分のために、のちには公共の利益のためにそれを実行しながら、知らず知らず同種の、しかし有毒な元素である水銀をためこんでしまったにちがいない。この手のミスが世界最初の汚染公害を招いたことはじゅうぶんありうる。しかし、いつもどおりこの問題も自然淘汰によって解決された。というのも、今日微生物システムのなかに、水銀やその他の有毒元素を揮発性のメチル誘導体に転換してしまうものがみられるからである。これらの有機体は、生命最古の有毒廃棄物処理法を体現しているのかもしれない。

汚染というのは、よくいわれるような道徳(モラル)低下の産物ではない。それは生命活動のなりゆきとして不可避なものである。熱力学の第二法則に明示されているところによれば、低エントロピーと生命システムの複雑でダイナミックな有機編成は、低質の生産物と低質のエネルギーを環境に排泄することによってはじめて機能しうる。汚染にたいする正当な批判が成り立つのは、問題を強みに変えてしまうことで消滅させるようなうまい解決法を見いだせない場合にかぎる。草や甲虫、そして農民たちにとっても、牛のふんは汚染ではなくありがたい贈りものである。分別ある世界なら、産業廃棄物は禁じられるのでなくうまく利用されるだろう。法的禁制という否定的（ネガティヴ）で非建設的な対応は、牛がふんをすることを法で禁ずるのと同じくらい馬鹿げている。

初期生命圏（バイオスフィア）の健康にとってはるかに大きな脅威だったのは、全体としての惑星環境においてさまざまな乱れが生じていったことだった。もし本当にアンモニアが重要な原始ガスのひとつだったとしたら、生命圏（バイオスフィア）によるその消費は、大気の放射率だけでなく化学的中性にも影響をあたえたろう。アンモニアが少なくなるにつれて、地球はどんどん酸性化していったにちがいない。同様メタンが二酸化炭素に変わり、硫化物が硫酸塩に変わることによっても、化学平衡は生命が耐えられない酸性状態へと傾いていったことだろう。この問題がいかにして解決されたかはわかっていないが、われわれの測定しうるかぎり、地球が現在の化学的中性に近い条件を保っていたことは知られている。それにくらべると火星や金星の組成は酸性すぎて、われわれの惑星で発生進化してきたような生命が耐えられるものではない。

今日、生命圏(バイオスフィア)は全体で年間最高一〇〇〇メガトン(一メガトンは一〇〇万トン)のアンモニアを生産しているが、これは硫黄化合物と窒素化合物の自然酸化によってできる強度の硫酸と硝酸を中和するのに必要な量と近い。もしかしたらただの偶然かもしれない。しかしひょっとしたら、ガイアの実在を裏づける付随証拠のひとつかもしれないのである。

海洋塩分の厳密な調節は、化学的中性と同じく生命にとっては必要不可欠なものだが、第六章で見るとおりはるかに不思議で複雑な現象である。にもかかわらず、幼ない生命圏(バイオスフィア)はほかの技術同様、なんらかの重大なコントロール作業にも熟達した。もしガイアが実在するとしたら、調節機能は生命の出発点において、それ以後のどの時点においてもそうであったのと同じくさし迫った必要だっただろう。

## 4――嫌気性の世界と危機の克服

初期生命に関する通説によると、最初のうちは使えるエネルギーのレベルが低すぎて、進化が本当に開始して今日みられるような活気にみちた全面展開にはいったのは、酸素の出現以後のことだったとされている。ところが実際には、古生代カンブリア期に骨格動物が現われる以前、すでに主な生態学的サイクルをすべてそなえた完全で多様な生物相（バイオータ）があったというはっきりした証拠がある。たしかに、われわれ自身や他の特定の動物たちのような大型の可動生物にとって、有機物と酸素の体内燃焼は便利な動力源である。けれども、水素や水素供出性の分子に富んだ還元性の環境では動力が不足するという生化学的理由はなにもない。そこで、状況が逆だったらエネルギーゲームがどう運んだかをみてみることにしよう。

もっとも初期の生物のなかに、ストロマトライトと呼ばれる微量の化石を残しているものがある。これらは生物堆積性の構造をもっており、しばしば薄層状の三角錐（コーン）かカリフラワーのような形をしている。通常、炭酸カルシウムかシリカ（二酸化ケイ素）でできていて、現在のところ微生物活動の産物とされている。これらストロマトライトのあるものは、三イオン以上古い火打ち石様の岩石の中で発見される。一般的な形状からすると、今日のアオミドロのように太陽光を化学的な潜在エネルギーに変換する光合成生物によってつくられたとみられる。ほかに太陽光線ほどの高いポテンシャルと恒久性と量をもったエネルギー源がなかった以上、ある種の初期生命が太陽光を主なエネルギー源とする光合成生物であったことはほぼまちがいないだろう。当時の強烈な放射能も必要なエネルギーはもっていたが、量的には太陽の出力とくらべるとスズメの涙ほどのものにすぎなかった。

図2　南オーストラリア沿岸にみられるストロマトライトの群体（コロニー）。30億年前にいた同種の群体の化石と、構造的にきわめて近い。（撮影P・F・ホフマン。M・R・ウォルター提供）

すでに見たとおり、最初の光合成生物たちをとりまく初期の惑星環境は、水素や水素供出性の分子の豊富な還元性のものだったとみられる。こうした環境に生きる生物たちは、今日の植物同様、さまざまな必要に見合うじゅうぶんな化学的エネルギーを産出できたにちがいない。ただ、今日では酸素が外側にあって、食物と水素を多く含んだ物質が細胞の内部にあるのにたいし、何イオンも前にはその逆だったのではないかと推測できる。原始時代のある種の生物にとって、食物とは酸化物質を意味していたかもしれない。今日の生きた細胞が自由水素を食物にしているわけではないのと同じで、それは必ずしも自由酸素でなくてもよかったろう。ポリアセチレン脂肪酸のように、水素と反応して多量のエネルギーを放出する物質ならその役目をはたすことができた。こうした奇妙な化合物は、いまなおある種の土壌微生物によって生産されているし、今日人間の細胞内でエネルギーを蓄積する脂肪の類似物といってもいい。

この仮想の逆転的生化学状況は、実際には存在したことがなかったかもしれない。肝腎なのは、太陽光のエネルギーを変換し、化学的エネルギーとして蓄積できる有機体であれば、たとえ還元性の大気のもとでも、じゅうぶんな機能とエネルギーをもってほとんどの生化学プロセスを営むことができただろうという点である。

地質学的な記録は、第一鉄など還元形態の鉄を含む膨大な量の地殻岩が、生命の初期段階で酸化されたことを示している。これを、最初の生命圏（バイオスフィア）が水素を生産し、大気中に水素ガスやアンモニアなどの水素化合物をじゅうぶん維持して、宇宙空間に水素を逃がしていた証拠と考えてもいい。ユカスは『ネイチャー』誌への寄稿のなかで、地球からの大量の水素放散を説明するには生物学的な干渉を想定する必要があるかもしれないと述べている。

おそらく二イオン前までに、地殻に含まれるすべての還元性物質は地質学的に露出される以上のスピードで酸化されつくし、好気性光合成生物の持続的な活動によって空気中に酸素が蓄積された。これこそ、地球上の生命の歴史においてもっとも重大な時期だったにちがいない。嫌気性の世界の空中に酸素ガスが放出されることは、惑星史上最悪の大気汚染現象だったろう。もし海洋性の藻の一種が海を征覇し、太陽光線を使って海水に豊富に含まれる塩素イオンから塩素をつくりはじめたら、現在の生命圏（バイオスフィア）がどんな影響をこうむるか考えてみるといい。塩素供出性の大気が今日の生命におよぼす恐ろしい影響は、二イオンあまり前、酸素が嫌気性の生命に与えた打撃となんら変わるまい。

この重大な時代はまた、惑星を温暖に保つ手だてとしてのアンモニアの毛布（ブランケット）がなくなったときでもあった。遊離酸素とアンモニアが大気中で反応することにより、アンモニアガス濃度の上限が決められたのである。現在その濃度は〇・〇一ｐｐｍで、赤外線吸収率を左右するにはとうていおよばない量だが、すでにみたように、この微量のアンモニアでも酸性の中和剤としては立派に役立つ。アンモニアの防御がなかったら、酸化の副作用として環境は酸性に傾き、生命にふさわしくないものに変わってしまうだろう。
二イオン前酸素が空中に漏れだしたとき、生命圏(バイオスフィア)は敵の攻撃をうけた潜水艦の乗組員に似て、破損したり破壊されたりしたシステムのたて直しにおおわらわだったと同時に、空中に各種の有毒ガスがたまってゆくという脅威にもさらされた。しかし、発明工夫の才が勝利をおさめ、危険は克服された。古い秩序を復建するという人間のやり方ではなく、変化に適応し、残忍な侵略者を強力な味方に変えるという柔軟なガイア流の方法である。

　空中に最初に酸素が出現したことは、初期生命にとってほとんど致命的な大変動のはじまりだった。凍結や沸騰、飢餓、酸性、あるいはゆゆしき代謝障害、そして最後には毒による死を、ただの偶然でまぬがれたなどというのはできすぎだろう。けれども、もし初期生命圏(バイオスフィア)がすでに単なる生物種のカタログ以上のものに進化し、惑星的コントロールを身につけはじめていたとしたら、われわれがそうした苦難の時期を生きのびたことも理解しやすくなってくる。

# 第三章▼ガイアの認知

ガイアの仕事と自然力による偶然の構造物とは
いかにして見分けたらいいのだろうか。
そして、ガイア自身の実在は
どうやって認識するのだろう。
さいわいなことに、スナークの狂った狩人たちとちがって、
われわれには地図、つまり認識の手段が
まったくないわけではない。

## 1——ガイアの仕事と偶然の産物のちがい

ハケではいたようになめらかで、陽の光に照らされた干潮時の砂浜を思い描いてみよう。黄金色に輝く砂の平面上では、あらゆる砂粒が所定の位置におさまり、それ以上はもうなにも起こりえない。もちろん現実の砂浜は、完全に平らで、なめらかで、乱れのないことなどめったにないし、たとえそうであっても長くつづくものではない。黄金の砂のひろがりは、つねに新しい風や潮によって刻みなおされている。それでもなお、出来事はそうした背景からきわ立ってみえるかもしれない。われわれは事実、変化が風に吹かれた砂丘のうつろいやすい表情以上のものでない世界、潮の満ち引き以上のものでない世界に生きているのかもしれないのだ。砂上の波紋は変化自身の手によって創られては消えてゆく。

さきほどの一点のしみもない砂浜が、今度は水平線上にひとつ小さなしみをもっていると想定してみよう。独立した砂の山で、近くから見るとすぐに生き物のしわざだとわかる。疑いの余地はない。それは砂の城だ。先の平らな三角錐(コーン)を積み重ねてあるところからして、バケツ工法によってつくられたとみられる。典型的なその濠や、落とし格子の模してあるはね橋は、乾いた風に吹かれてもう消えかかり、砂粒はまた平衡状態に戻ろうとしている。われわれは砂の城を人間の作品とする即時認識プログラムをもっているといっていいわけだが、もしこの砂山が自然現象でないという証拠を求められたら、それが周囲の条件とそぐわない点を指摘すべきだろう。まわりの砂浜は波や風に洗われ、掃かれてなめらかなカーペットになっている。砂の城とていつかは崩れてしまうだろう。が、子供のつくった要塞でさえ、その部分部分のデザインと関連においてあまりにも複雑であり、あまりにもはっきりとした目的性をもっていて、とても自然力による偶然の産物とは思えない。

この砂と砂の城の単純な世界にも四つのはっきりちがった状態がある。形なき中性と完全な平衡の不活性状態（太陽が輝いて空気と海を運動させつづけているかぎり、砂粒は動くから、現実の地球上ではけっしてありえない）。波紋のついた砂と風でできた砂丘をもついわゆる「安定状態」の世界。これには構造があるが、依然として生命はない。砂の城という生命の産物を示す砂浜。そして最後が、城のつくり手としての生命自身が居合わせる状態である。

このなかでも、ガイアを探求するわれわれにとっては、砂の城にあらわれた複雑さの第三序列（オーダー）、つまり無生物の安定状態と生命のいる状態との中間が重要である。それ自体に生命はなくとも、生物によってつくられた建造物にはつくり手の必要や意図についての情報がぎっしりつまっている。ガイア実在の手がかりは、砂の城のようにはかないものである。もし生命における〈彼女〉のパートナーがそこにいて、子どもが砂浜で新しい城をつくるようにたえず修理や再建をつづけていなければ、あらゆるガイアの形跡もやがては消滅してしまうだろう。

それならば、ガイアの仕事と自然力による偶然の構造物とはいかにして見分けたらいいのだろうか。そして、ガイア自身の実在はどうやって認識するのだろう。さいわいなことに、スナーク（ルイス・キャロル創作の空想上の動物——訳者）の狂った狩人たちとちがって、われわれには地図、つまり認識の手段がまったくないわけではない。多少の手がかりはある。前世紀の終わりに、ボルツマンはエントロピーにエレガントな再定義をあたえた。エントロピーとは分子配分の確率をあらわす量だというものである。これは最初あいまいに聞こえるかもしれないが、実はわれわれの求めるものに直結している。この定義が意味するところは、もし非常に確率の低い（ふつうならありえないような）分子構成があったら、それはおそらく生命か、生命の産物であるということにほかならない。そして、もしそうした例外的な分子配分が全世界にひろがっていたならば、それはおそらく地上最大の生き物であるガイアの一面にちがいあるまい。

しかし、ありえない分子配分というのはなにか、と疑問に思うだろう。たくさんの答えが可能だが、たとえば次のようなあまり答えにならないようなものはどうか。ありえないような分子の秩序ある配分（読者のあなたがそう）。あるいは、ありふれた分子のありえないような配分（例は空気）。しかし、われわれの探求に役立つもっと一般的な答えとしては、背景との相異がきわだっていて、ひとつの実体として認識可能な配分、とでもいえばいいだろう。またもうひとつ、平衡状態にある背景の分子からそれを組み立てるのにエネルギーの支出を必要とするもの、という一般的定義も考えられる。(砂の城が一様な背景とははっきりちがっていたのと同じことである。それがどのていどちがうか、どのていどありえないかということが、エントロピーの減少、つまりその例外的な配分にあらわされる目的性をもった生命活動の目やすとなる。)

ここまでくれば、ガイアの認識が、世界的規模で分子配分の例外性を見つけるか否かにかかっていることがわかる。その例外性は、安定状態とも概念上の平衡状態ともはっきりちがうきわだったものでなければならない。

## 2——平衡世界と生命なき安定状態

探求にあたって、平衡状態および生命なき安定状態における地球がどのようなものかを明確にしておくとよいだろう。また、化学的平衡とはなにかを知る必要もある。

非平衡状態とは原則的にいって砂粒が高いところから低いところへ落ちるときのように、そこからなんらかのエネルギーをひき出せる状態をいう。それにたいして平衡状態では、すべてが均一にならされていて、もうエネルギーは取り出せない。さきほどの砂粒の小世界では、基本粒子は都合よくすべて同じか、あるいはごく似通った物質でできていた。しかし、現実の世界には百種以上の化学元素があり、たがいにさまざまな結びつき方をする力をもっている。そのうちのいくつか――炭素、水素、酸素、窒素、燐、硫黄など――は、ほとんど無限の相互作用や結合ができる。けれども、空気と海と地表の岩石に含まれるすべての元素については、おおよその割合がわかっているし、またそれらの元素がたがいに結合したときに放出されるエネルギーや、そうした化合物どうしの結合エネルギーの大きさも知られている。そこから、もし砂の世界の気まぐれな風のような持続的で無作為な攪乱源があったと想定して、もっとも低いエネルギー状態、つまりそれ以上化学反応によるエネルギーの得られない状態に達したとき、さまざまな化合物がどのような配分になっているかを算出することができる。この計算によると(もちろんコンピュータの助けをかりてだが)、化学的平衡の世界はだいたい表1のとおりになることがわかる。

地球の諸物質が熱力学的平衡に達するとどんな結果になるか最初に算定したのは、スウェーデンの著名な化学者シレンであった。それ以来ほかにも多くの科学者が同じことをやったが、結果はおおよそシレンと一致している。これは、コンピュータという忠実で積極的な奴隷の助けによって数多くの退屈な計算から解放され、イマジネーションが天翔ることのできる領域のひとつだといえよう。
　地球ほどの大きさのものが平衡状態に達するとなると、手ごわい学問的非現実性をあるていどのまざるをえない。まず地球が摂氏一五度に保たれた宇宙的デュワー瓶ともいうべき巨大な断熱容器に密封されたと想定しなければならない。そうしておいて惑星全体を均等にかきまぜ、可能なあらゆる化学反応を完結させたうえで、その反応エネルギーは温度を一定に保つために除去する。最後に残るのは、さざ波ひとつたたない海洋におおわれた世界で、上空には二酸化炭素が豊富で酸素や窒素のない大気がひろがっているだろう。海はたいへん塩からく、海底はシリカとケイ酸塩と粘土鉱物でできていると考えられる。

**表1**　現在の世界と、仮説上の化学的平衡世界とにおける、海洋および空気の組成。

| | 主要成分(%) | | |
|---|---|---|---|
| | 物質 | 現在の世界 | 平衡世界 |
| 空気 | 二酸化炭素 | 0.03 | 99 |
| | 窒素 | 78 | 0 |
| | 酸素 | 21 | 0 |
| | アルゴン | 1 | 1 |
| 海洋 | 水 | 96 | 63 |
| | 塩 | 3.5 | 35 |
| | 硝酸ナトリウム | 微量 | 1.7 |

こうした化学的平衡世界で重要なのはその厳密な化学組成や形状ではなく、そのような世界にはいかなるエネルギー源もないという事実である。雨も波も潮の干満もなく、化学反応によってエネルギーが生ずる可能性もありえない。ぜひとも理解しなくてはならないのは、そんな世界は暖かく、じめじめしていて、生命の要素はすべてそろっているにもかかわらず、けっして生命を生みだすことができないという点である。生命をささえるには、間断ない太陽エネルギーの流れを必要とするのだ。

この抽象的平衡世界と本物の、ただし生命のない仮想の地球とのあいだにはつぎのような重要なちがいがある。本物の地球は自転し、太陽をめぐる軌道を周転しているために、強烈な輻射エネルギー流にさらされて、大気の外縁で分子が分解する可能性をもっている。またその内部は放射性元素の崩壊による熱であつい。これらの放射性元素はなんらかの巨大核爆発の形見で、地球自体もその残骸から生まれた。そこには雲や雨があって、ひょっとしたらいくらか陸地もあるだろう。現在の太陽の出力からみて、極氷冠があったとは考えられない。この安定状態の無生命世界は二酸化炭素が豊富で、今日われわれの住む世界よりも熱の損失がすくないからである。

本物の、ただし無生命の世界では、大気の外層で分解された水から水素が宇宙空間へ逃げてゆく結果として、少量の酸素がみられるかもしれない。厳密にどのくらいの量の酸素かは非常に不確定で、議論のわかれるところだろう。それは、地殻の下からどのていどの還元性物質が湧出してくるか、そして宇宙からどのくらい水素が戻ってくるかにかかっている。けれども、たとえ酸素が存在したにしろ、それは現在の火星にみられるようにごく微量でしかないということはたしかである。この世界では、風車や水車はうごくだろうから動力を得ることは可能だが、化学エネルギーはほとんど得られまい。また、火のようなものはとても起こせないだろう。微量の酸素が大気中に蓄積したとしても、それを燃やす燃料がない。たとえ燃料があったにしろ、火を起こすには空気中に一二パーセントの酸素がなくてはならず、これは無生命世界の微量酸素ではとうていおよびのつかないレベルである。

## 3——生きている世界

生命なき安定状態の世界と想像上の平衡世界とがちがっているといっても、それらふたつと今日われわれの生きている世界とのちがいにくらべたらわずかなものである。空気や海や陸地の組成にみられる大きな相異については後続の各章で論ずることにして、いま注目すべきなのは、今日の地球上ではどこでも化学エネルギーが得られ、ほとんどの場所で火が起こせるという点である。実際のところ、大気中の酸素レベルが四パーセント上昇しただけで、世界的な大火災の危険がおきてくる。酸素レベルが二五パーセントだと、いったん燃焼がはじまれば湿った草木でも燃えつづけるため、落雷による山火事の猛威はあらゆる可燃物が燃えつきるまでおさまるまい。酸素含有率の高いすがすがしい大気をもつ別世界の物語など、SF（空想科学小説）どころかまさに空想そのものである。ヒーローの乗った宇宙船が着陸したら最後、その惑星は破滅してしまうにちがいない。

私が火や化学的自由エネルギーの有無に興味をもつのは、気まぐれや放火癖のせいではない。大気の化学的特性が自由エネルギー（たとえば点火による力（パワー））の強さによってはかれるからである。これひとつを目やすにしても、われわれの世界はその無生物部分でさえ、平衡の世界や安定状態の世界とはきわだったちがいをもっている。砂の城は、それを築く子供たちがいなくなったらこの地球から一日もたたないうちに消え失せてしまうだろう。もし生命が消滅したら、火をつけるのに必要な自由エネルギーも、空気中から酸素がなくなるにつれてやはり短時間でついえてしまうにちがいない。短時間といってもこの場合は百万年あまりかかるだろうが、惑星の寿命のうえではとるにたらないものである。

ここで論じている要旨はなにかというと、砂の城が風や波のように自然な無生物現象による偶然の結果でないのと同様、地球の表面や大気における化学組成が点火可能なものに変化するのも偶然ではありえないということである。「よかろう」、読者のあなたはこうおっしゃるにちがいない。点火が可能であることにみられるようなわれわれの世界の無生物側面の多くは、生命の存在による直接結果として了承できるかもしれないが、それがどうガイア実在の認知につながるのか、と。私の答えはこうである。空気中の酸素や窒素、あるいは地上の樹木といった意味深長な非平衡が全世界にわたっているとき、それは非常に確率のひくい分子配分を一定に保つ力をもった地球大のなにかの一端とみるべきではなかろうか。

今日われわれが目にする生きた世界との比較モデルとして想定したふたつの無生命世界は、あまりはっきり定義されたものでなく、地質学者たちなら元素や化合物の配分に疑問をさしはさむかもしれない。たしかに、無生物の世界がどのくらいの窒素を有するかに関しては議論の余地があるだろう。とりわけ興味ぶかいのは、火星とその窒素成分についてもっと多くの情報を得て、窒素ガス

表2

| ガス | 惑星 | | | |
|---|---|---|---|---|
| | 金星 | 生命なき地球 | 火星 | 現在の地球 |
| 二酸化炭素 | 98% | 98% | 95% | 0.03% |
| 窒素 | 1.9% | 1.9% | 2.7% | 79% |
| 酸素 | 微量 | 微量 | 0.13% | 21% |
| アルゴン | 0.1% | 0.1% | 2% | 1% |
| 表面温度(°C) | 477 | 290±50 | −53 | 13 |
| 気圧(バール) | 90 | 60 | 0.006 | 1.0 |

が硝酸その他の窒素化合物として惑星表面にとらえられているか、あるいはハーヴァード大学のマイケル・マッケルロイ教授の提起するように、すでに宇宙空間へ逃げてしまっているかを知ることである。火星はもしかすると生命なき安定状態の世界の典型かもしれない。

こうした不確定要素があるので、安定状態の無生命世界をつくりだす方法をもうふた通り考え、それらと前に設定した安定状態の世界モデルとをくらべてみることにしよう。まず、火星と金星がまったくの無生命だとし、その中間に現在われわれの住む地球のかわりに生命のない惑星があったと仮定する。両隣りの惑星と比較した場合、その地球の化学的物理的特徴は、おそらくフィンランドとリビアの中間ぐらいに位置する国を想定してみればいちばんわかりやすいだろう。火星、現在の地球、金星、そしてこの仮説的な無生物の地球の大気組成は表2のとおりである。

## 4――ガイアの死についての思考実験

もうひとつの設定としては、予測可能な各種の破滅コースのひとつが現実となり、地球上の全生命が、地中深く埋もれた嫌気性バクテリアの胞子ひとつさえ残さず消滅してしまったと考えればいい。これまで出ている破滅説ではそれほど完璧な破壊はとうてい無理だが、いちおうそれが可能だとしてみよう。この実験を正しく行なって、健康な生命ある世界から死んだ惑星に移行するかんの地球の化学状況の変化を追うには、物理環境を変えずに生命を取りのぞく方法を見つけなければならない。多くの環境保護論者たちが不吉な予言をするわりに、こうした破壊にふさわしい殺し屋を探しだすのはほとんど不可能に近い。エアロゾルの影響でオゾン層が消耗すると、太陽からの致命的な紫外線が押し寄せて「地球上の全生命を破壊する」という主張もある。たしかに、オゾン層が全部、あるいは部分的になくなってしまったら、いまあるような生命にとっては不愉快な結果になるだろう。人間を含めて多くの種が苦しみ、あるものは死滅するにちがいない。食物と酸素の主生産者である緑色植物も難儀をするかもしれないが、最近の発見によると、古代において、また現在の海辺で主要なエネルギー変換にあたっているある種のアオミドロは、短波長の紫外線輻射にたいし強い抵抗力をもっている。この惑星上の生命は非常にタフな、たくましい、適応力のあるもので、われわれはその小さな一部分でしかないのである。もっとも重要なのは、おそらく大陸棚と地下土壌に棲息する生物たちだろう。大型植物や動物はそれにくらべればさして重要ではない。製品を見せるのに使われる上品なセールスマンや魅惑的なモデルのようなもので、望ましいかもしれないが必要不可欠ではないのだ。土壌や海底で屈強な、信頼のおける労働者役をつとめている微生物こそが大黒柱であって、彼らはその棲息環境の不透明さによって考えられるかぎりどんな紫外線にも耐えられる。

核反応による放射能も致命的な影響をおよぼしうる。もし近くの恒星が超新星(スーパーノヴァ)となって爆発したら、宇宙線の氾濫で地球は不毛化されてしまうのではないか。あるいは、もし地球上に山積みされている核兵器がすべて、世界戦争でほとんど同時に爆発したら。その場合にも、われわれをはじめとする大型動物や大型植物はひどい痛手をうけるかもしれないが、単細胞生物は大部分そんな出来事に気づくかどうかさえ疑わしい。ビキニ環礁の生態については、核実験による高度の放射能がサンゴ礁の島の生命にどのような悪影響をあたえたか、たび重なる調査がおこなわれてきた。それによると、海も陸もひきつづき放射能をおびているにもかかわらず、爆発で表土が吹き飛ばされて裸岩になった部分以外、地域生態は一般にごくわずかの影響しかうけていない。

一九七五年の終わりにかけて、合衆国国立科学アカデミーは、八人の選りぬきメンバーからなる八人委員会に報告書(レポート)を作成させた。この委員会には、核爆発とそれに付随するあらゆる現象の専門家から選ばれた四八人の科学者が協力にあたっていた。報告書によると、もし世界の核兵器の半分にあたる約一万メガトンが核戦争で使用された場合、人間と人工的な生態系の大部分がうける影響は、当初もわずかで、三〇年以内には無視できるものになるという。攻撃国と犠牲国が局地的に壊滅的被害をこうむるのはもちろんだが、戦場からかけ離れた地域、とくに生命圏(バイオスフィア)のなかで重要な役割をしめる海洋、および沿海の生態系は最小限の被害しかうけないものとみられる。

これまでのところ、この報告書に関して唯一の科学的批判があるとすれば、核爆発の熱によって発生する窒素の酸化がオゾン層に部分的な打撃をあたえて、それが全世界に最大の影響をもたらすというその主張にたいするものである。けれども、今日ではこの説は疑わしいとされ、成層圏のオゾンが窒素の酸化物によって悪影響をうけることはほとんどないと考えられている。いうまでもなく、この報告書が出た当時のアメリカでは、成層圏オゾンについて奇妙な、過度の懸念がひろがっていた。結局それが予見的だったという可能性もないではないが、いまの時点ではごく根拠のうすい推測でしかなかったとされている。一九七〇年代の今日、大規模な核戦争は、参戦国や同盟国にとって悲惨なものであることにかわりないものの、しばしば描かれるような全地球的惨事ではないように思われる。それがガイアにとってたいした影響をもたないのはたしかである。

この報告書はそれ自体、政治的、道徳的見地から批判をうけたのは当時もいまとかわりない。軍事計画にあたる爆弾狂たちをおおよろこびさせかねないという点で、無責任だと非難されたわけである。

こうしてみると、物理的な変化をもたらさずにわれわれの惑星から生命を削除することは、ほとんど不可能らしい。残されたのはSF的な可能性だけである。そこで、地中深くに埋もれた最後の胞子まで一掃するという完璧な破滅劇をひとつ演出してみることにしよう。

## 5——SF「ネッシン博士の異常な愛情」

ヒジョーニ・ネッシン博士は献身的な科学者で、実力と実績をかねそなえたある農業研究所に勤務していた。博士の心痛は、海外援助機関のポスターにのった飢えた子どもたちのおぞましい写真だった。そこで、彼は、自分の科学的才能と技術を世界の食糧生産、とくにそのポスターの出所である低開発地域の食糧生産の増大のためにささげようと心にきめた。低開発国の食糧生産を妨げているのが、さまざまな原因のうちとりわけ肥料不足であることを発見した彼は、それにもとづいて仕事を進めることにしたが、かといって工業化諸国でも、硝酸カリウム肥料や燐酸肥料をじゅうぶん生産供給することはむずかしいだろうと思われた。それに、化学肥料自体にいくつか欠点があった。そんなわけで、彼は遺伝子操作によってきわめて性能のいい窒素固定バクテリアを開発する計画をたてた。これによって、複雑な化学産業の手をかりず、しかも土壌の自然な化学的バランスを壊さずに、空中の窒素を直接土壌に転移することができる。

ネッシン博士は何年ものあいだ辛抱づよく有望品種の試験をくりかえしたが、研究所では驚くほどの成績をあげても、熱帯の実験地に移すとうまくいかないものばかりだった。そんなある日、偶然訪れていた農学者から、燐の少ない土壌でみごとに成育するトウモロコシの一品種がスペインで開発されたことを聞いたネッシン博士は、直観的にピンとくるものを感じた。トウモロコシが、なんの助けもなくそのような土壌でよくできるはずはない。そのトウモロコシは、クローバーの根について空気中の窒素を固定するものと似たバクテリアの一種と共生関係を結んで、土壌中の燐を集めることができたのではなかろうか。

ネッシン博士はつぎの休暇でスペインに飛び、そのトウモロコシを実験栽培している農業試験場を訪れて、前もって連絡しておいたスペインの研究仲間たちと話し合う機会をもった。訪問と話し合いにともなって、標本の交換もおこなわれた。研究所に帰ったネッシン博士はそのトウモロコシを栽培し、いままで知られたどんな生物よりも効率よく土壌粒子から燐を収集できるある種の機動性微生物を採取した。彼ほどの腕をもってすれば、その新種バクテリアに適応処理をほどこし、熱帯でもっとも重要な食糧源であるコメをはじめ、多くの食用作物と共生できるようにするのはむずかしいことではなかった。リン・ネッシン菌で処理された一連の穀物は、イギリスの試験場での最初のテスト栽培で驚くべき好成績をおさめた。全作物の収獲量がはっきりと増加したうえ、どのテストでも有害な副作用はみとめられなかったのである。

北クイーンズランド（オーストラリア北部）の試験場における熱帯テストの日がやってきた。希釈溶液にしたリン・ネッシン菌が稲の実験田に噴霧された。ところが、バクテリアは予定されたコメとの婚姻をふり捨てて、なんと田んぼの水面に生えていた強靱で自立的なアオミドロの一種と不倫な関係を結んだのである。彼らはしあわせそうに増殖をつづけ、必要なすべてを空気と土壌から摂取しながら、温暖な熱帯の環境につつまれて二〇分ごとにその数を二倍にふやしていった。ふつうなら小さな捕食生物が繁殖にブレーキをかけるところだが、この組み合わせにかぎって制止するものはなかった。さらに、燐を集めるその力のおかげで、周囲はほかのどんな生命にとっても不毛なものとなってしまったのである。

数時間のうちに、田んぼとそのまわりはよどんだアヒルの池のような様相を呈し、無気味に輝く緑色の上皮でおおわれてしまった。なにかがおかしいということに感づいた科学者たちは、じきにリン・ネッシン菌とアオミドロとの結託を発見した。ゆゆしき速度でひろがるその危険を察知して、田んぼの全域とそこから出てゆく用水路のすべてに毒薬を散布し、増殖をストップする手配がなされた。

その夜、ネッシン博士とオーストラリア人の同僚たちが疲れ、不安な気持をかかえながら床についたのは遅くなってからだった。夜が明けてみると、事態は最悪の展開をみせていた。新しい共生体は、まるで生きた緑青(ろくしょう)のように、田んぼから一マイルも離れた小川の水面をおおっていたが、そこはもう海までほんの数マイルしかなかった。再度、進行経路とおぼしきところにはあらゆる破壊手段がこうじられた。クイーンズランド試験場の所長は、ただちにその一帯の人びとを避難させ、手遅れになる前に水爆で増殖を食い止めるよう政府に要請したが、聞きいれられなかった。

それから二日たたないうちに、変異アオミドロは海岸水域までひろがったが、ときはすでに遅かった。一週間以内に、緑色の汚れはカーペンタリア湾上空六マイルを飛ぶ旅客機の乗客からもはっきり見えるようになった。六か月のうちには、海洋の半分以上と陸地の大部分が厚い緑のヘドロでおおわれ、共生生物は下敷きにした樹木や動物の死骸をなおも貪欲にむさぼり食っていた。

このときまでに、ガイアは致命的な打撃をうけていた。私たちの死因の多くが、自分自身の細胞が道を踏みはずし、制御できないほど増殖することであるのと同様、このガン性の藻菌類結合が、健康な生きた惑星をつくりあげている複雑な細胞と生物種の多様性を一掃して、地球を乗っ取ってしまったのである。共同で必須機能をはたしていたほとんど無限に近い生き物たちにかわって、食べて成長することしか知らない欲深で均一な緑のヘドロが王座についたのだ。

宇宙から眺めると、地球は緑のあばたにおおわれたうす青色の星に変わってしまった。ガイアが虫の息になると、地球の表面と大気の組成を生命に最適の状態に保つサイバネティック機構もはたらかなくなってしまう。生物によるアンモニア生産はとだえたまま、アオミドロ自身の大量の死骸を含んだ腐敗物が硫黄化合物をつくりだし、大気中で酸化して硫酸に変わっていった。そのため、陸地にふりそそぐ雨はどんどんと酸性化して、しだいに占領者にさえ棲息困難な環境となった。さらに、必須元素の欠乏も影響をあらわしはじめ、さしもの異常発生もだんだんと下火になって、最後にはまだ養分が残っているかぎられた地域に生きのびるだけのところまで衰退した。

こんな設定のうえで、この傷ついた地球がゆっくりと、だが容赦なく不毛な安定状態へ移行してゆく様子を眺めてみよう。ただし、時間のスケールはおそらく百万年かそれ以上の単位だろう。太陽と宇宙空間にもとを発する雷雨や放射線がいまや無防備の世界を襲いつづけ、それまでなら安定していた化学結合さえこわして、より平衡状態に近い化学組成への再編が進んでいった。まずそうしたなかでもっとも重要なのは、酸素と有機物の死骸とのあいだで起こる反応だろう。死んだ有機物の半分は酸化され、残りは砂や泥の下に埋もれてゆく。このプロセスによって失われる酸素は依然わずかなものである。酸素はまた、もっとゆっくりとだが確実に、火山性の還元ガスや空気中の窒素と結合するだろう。いっぽう硝酸や硫酸の雨に洗われた大地では、生命が石灰岩や白堊(チョーク)としてたくわえた膨大な二酸化炭素の一部が、ガス化して大気にかえってゆくにちがいない。

前章で述べたように、二酸化炭素は「温室」ガスと呼ばれる。少量のうちは、二酸化炭素が気温にあたえる効果は増加量と比例するが、いったんその濃度が一パーセントを越えると、効果は非線形を呈して気温の急上昇をまねく。二酸化炭素を固定する生命圏(バイオスフィア)がなくなれば、その大気中濃度はおそらく一パーセントの臨界量を越えるにちがいない。そうなると地球は急速にあたたまって、水の沸騰点に近づくだろう。温度上昇の結果、化学反応はスピードアップし、化学的平衡への移行が促進される。そのかん、くだんの破壊的藻類は煮えたぎる海によって煮沸され、あとかたもなくなっているだろう。

現在の地球上では、高度約七マイルにおける低温によって水蒸気は凝結し、一ppm（百万分の一の存在比）を残すのみになっている。こうしたわずかな量がさらに上空へ逃げて分解し、酸素原子を提供したとしても、その影響は知れている。けれども、海が沸騰するような世界の荒々しい気象条件のもとでは、雷雲は大気圏上層まで達し、そこの温度と湿度を上昇させるにちがいない。この結果水の分解がはやまって、宇宙空間へ逃げる水素と大気中に残る酸素の量は急増するだろう。ふえた酸素の影響で、空気中の窒素はほとんど一掃されてしまうことになる。最終的に大気の組成は、二酸化炭素と水蒸気、それに少量の酸素（おそらく一パーセント未満）、化学的にはなんの機能ももたないアルゴンなどの希ガスという組み合わせになるだろう。

平衡状態への崩壊劇はまったくちがった筋書きをたどる可能性もある。もしそのあくなき成長期間中、変異生物が大気中の二酸化炭素を大幅に減少させてしまったら、地球は不可逆的冷却にむかっていたかもしれない。過剰な二酸化炭素がオーバーヒートをまねくのと同様、大気中から二酸化炭素がなくなると、反対に加速度的冷凍化が起こりかねないのである。雪と氷が惑星の大部分をおおい、野望に燃えた共生生物を凍死に追いこむだろう。窒素と酸素の結合は依然として起こるだろうが、反応速度はゆっくりとしたものだろう。最後に残るのは大気圧の低い凍結状態に近い惑星で、大気組成は二酸化炭素とアルゴン、それにほんの微量の酸素と窒素である。つまり、温度は高めだがいまの火星に近くなるわけだ。

沸騰か凍結かは断定しがたいところだが、ガイアの情報網と複雑なバランス機構が壊滅してしまったら、もうあともどりできないことだけは確実である。生命なき地球は、あらゆる法則をはずれたカラフルな例外的惑星であることをやめ、死んだ兄弟火星と金星にはさまれて、まじめくさった安定状態をきめこむことだろう。

以上がフィクションであることは念をおしておかねばならない。ひとつのモデルとして科学的には設定可能だが、それも仮定的な藻菌類結合が存在し、安定を保ち、妨害や阻止をうけずに侵攻できたとしての話である。チーズづくりやワインづくりの目的で飼ならされて以来、人類の利益のために微生物の遺伝子操作をすることはさかんにおこなわれてきた。ただし、そうした道にいそしむ人びとはもちろんのこと、農家の人たちなら誰でもみとめるように、飼ならしは自然条件での生存能力を弱めてしまう。DNAそのものを含む遺伝子操作の危険について大衆的懸念が大きくなっている現在、ジョン・ポストゲートのようなその分野の権威が、私のささやかなSF断片を単なる空想にすぎないと保証してくれたのはありがたいことだった。現実の生物界においては、生きた細胞すべての共通言語である遺伝子コードのなかに、多くの禁忌(タブー)がしるされているにちがいない。また複雑な保安システムがあって、風変わりな極道種が、むやみと徒党を組んで悪徳をはびこらせるのをおさえていることもまちがいない。生命の歴史上、微生物たちが世代に世代をついで試みてきた可能な遺伝子的組み合わせは膨大な数にのぼるだろう。

おそらく、われわれ生命がかくも長期にわたって秩序ある生存をつづけているのは、内部の遺伝子的安全を保持する、ガイアのいまひとつの制御プロセスによるものかもしれない。

# 第四章▼サイバネティックス

たとえガイアの温度調節システムが存在する証拠を発見できたとしても、
そのシステムを構成する各ループを解き明かしてゆく作業は、
それらが体温調節にみられるように体内深く埋めこまれていた場合、
たやすいものではあるまい。

さらに、ガイアにとっても
ほかのあらゆる生命システムにとっても、
温度調節と同じくらい重要なのが化学組成の調節である。

## 1――直立作業のサイバネティックス

生体や機械のなかで情報伝達やコントロールをになう自己調整システムを研究する学問分野を総称するのに、最初に「サイバネティックス cybernetics（ギリシア語で舵手を意味する *Kubernetes* からきている）」という言葉を使いはじめたのは、アメリカの数学者ノーバート・ウィーナーであった。その命名は適切なものだといえよう。多くのサイバネティック・システムの主要機能は、変転する諸条件をかいくぐって、あらかじめ決められた目標へむかう最適コースをとることだからである。

われわれは長いあいだの経験から、安定した物体というのは土台がひろくて重心の低いものだと知っているが、二本の脚と小さな足だけで直立するわれわれ自身の驚くべき能力は忘れていることが多い。押されたり、船やバスに乗ったときのように足元がゆれ動いたりしてもまっすぐ立ったままでいること、でこぼこの地面を転ばずに歩いたり走ったりできること、暑いときに体温がさがったり寒いときに上がったりすることなどは、サイバネティック機能の好例であり、生物と高度に自動化された機械に特有な性質である。

ちょっとした練習でゆれる船上でもまっすぐ立てるのは、筋肉や皮膚や関節のなかに一連の知覚神経が埋めこまれているからである。それら知覚端子の役目は、脳にたえまない情報の流れを送って、空間におけるからだの各部分の動きや位置、それにはたらくさまざまな環境の力について知らせることにある。それに加えて、耳のなかにはアルコール水準器のようなひと組の平衡器官があり、液体媒質中を動く泡が頭の位置の変化を克明に記録している。さらに目が水平を測って、それとの対比で自分がどう立っているかを告げてくれる。こうした情報の流れはすべて、ふつう無意識のレベルで脳によって処理され、ただちにその瞬間の意識的な直立作業と対比される。もし、双眼鏡で遠のいてゆく港を見るために、船がゆれても垂直に立っていようと決めたならば、脳はこの体勢を基準点として、船のゆれによるそこからのズレを感知する。こうして、感覚器官はたえずからだがどのように立っているかを脳に報告し、それにしたがって脳からはたえまない折返し指示が各筋肉の運動神経へと送られてゆく。からだが垂直からどちらかへ傾くと、それら筋肉の伸縮によって直立姿勢が保たれるのである。

願望と現実とを比較するこのプロセス、あやまちを察知し、精確に対抗する力をはたらかせることによってそれをただす作業が直立を可能にしてくれるのだ。一本脚で立ったり歩いたりというのはもっとむずかしくて、習得に時間がかかるし、自転車に乗るとなるとさらに曲芸である。しかしそれでさえ、直立を保つのと同じ積極的コントロール機構によって第二の天性になりうる。

一か所にただ立っているということに含まれる微細なメカニズムの妙は力説にあたいするものである。たとえば、足元のデッキがわずかに傾いたとき、筋肉がそれを補正しようとする力が強すぎたら、からだは反対側へ倒れてしまうだろう。それをまたもとへ戻そうとする復元力が大きすぎると、振り子のような振動がはじまって、最後にはひっくりかえってしまうか、少なくともまっすぐ立っていようとする意図はかなえられないことになる。サイバネティック・システムにおけるそうした不安定、あるいは振動はごくありふれたものである。「企図振顫（インテンション・トレモー）」として知られる疾病もあって、不運にもこれにかかった患者は、鉛筆を取ろうとして手が的を通りすぎ、それをただそうとするともとに戻りすぎ、単純な目標に達せられずにむなしく振動をくりかえす。つまり、目標からひき離そうとする力に対抗するだけではふじゅうぶんであって、正しく目的を達するには、円滑かつ精確に、また持続的に、対抗力を調節しなければならないのである。

こんなことがガイアとどんな関係をもつのか、と問われるかもしれない。それが、ひょっとしたらおおありなのである。極小から極大まであらゆる生命体の最大の特徴のひとつは、目標を定め、試行錯誤というサイバネティックな過程をとおしてそれを達成しようとするシステムを発達させ、運営し、維持してゆく能力にほかならない。そんなシステムで、生命に最適な物理化学条件を確立し、維持することを目標にした惑星規模のものを発見できたら、ガイアの実在に有力な証拠を提供できることにまちがいないのではあるまいか。

## 2——直線論理から循環論理へ

サイバネティック・システムは循環論理を採用するが、これは原因結果という伝統的な直線論理になれ親しんだ者には異質で、なじみにくいものである。そこで、特定の状態を保つためにサイバネティックスを用いる簡単な制御システムを考えてみることにしよう。たとえば温度調節を例にとる。昨今はほとんどの家庭に調理オーブンや電気アイロン、屋内暖房システムがあるが、どれも目標は望ましい適温を保つことである。アイロンは焦がさずにしわをのばせる温度でなければならないし、オーブンも焦がさず、また生焼けにもならない温度でなければならない。暖房システムは建物を快適な暖かさに保つのが役目で、暑すぎても寒すぎてもまずい。ではオーブンをもう少しくわしく見てみよう。オーブンは、台所へ熱を逃がしすぎないよう保温を考えた外箱、操作盤、電力をオーブン内の熱に変える発熱部分からなっている。オーブンのなかにはまた、サーモスタットと呼ばれる特殊な温度計がついている。この装置はふつうの室内温度計のように視覚的に温度を表示する必要はない。かわりに、望みの温度になるとスイッチを操作するようにできている。この目標温度は、サーモスタットと直結した操作盤上の目盛りで合わせ、表示されるようになっている。うまく設計されたオーブンの第一の、そしてたぶん意外な特徴は、調理に必要な温度よりはるかに高い温度まで達せられるようつくられている点だろう。さもなければ、ちょうどよい温度に達するのに時間がかかりすぎてしまう。たとえば、目盛りを三〇〇度に合わせてスイッチをいれた場合、発熱体には赤熱するぐらいめいっぱいのパワーが送りこまれ、箱の内部を急速に暖める。温度は、サーモスタットが目標の三〇〇度に達したことを感知するまで急上昇してゆく。そこで電源は切られるのだが、赤熱した発熱部分の熱で内部の温度はしばらくのあいだ上昇しつづける。発熱体が冷めるにつれて温度は下がってゆき、三〇〇度をわったことをサーモスタットが感知するとふたたび電源スイッチがはいる。ヒーターが暖まるあいだしばらく温度はさらに下がりつづけるが、やがてまた同じサイクルがはじまる。オーブンの温度は、こうして目標値から数度ずつ上がったり下がったりするわけである。温度調節におけるこの小さな誤差は、サイバネティック・システムの特徴だといえる。生き物と同じで、サイバネティック・システムというのは完成をめざし、それに近づくのだが、どうしてもぴたりとそこへはいきつかないのである。

さて、このしかけのどこがそんなに変わっているのだろうか。おばあさんは、サーモスタットのついた最新式オーブンなど使わずにすばらしいごちそうをつくることができた。ほんとうだろうか。たしかに、おばあさんの時代には薪や石炭でオーブンを熱するようになっていて、万事うまくゆくとちょうどころあいの火加減がオーブンを適温に保つしくみだった。けれども、その手のオーブンはひとりでにうまい料理はできない。ケーキは焦げてしまうか、さもなければねとねとの生焼けだ。その性能はすべて、自分でサーモスタットの役目をはたすおばあさんにかかっていたのである。おばあさんは長年の経験で、オーブンがほどよい温度に達したときのしるしを読みとることができた。そうしたら、火加減を弱めるときなのだ。ときどき、音を聞いたり匂いをかいだり、目で見たり手でさわったりしてうまくいっているかどうかを調べてみる。今日でも同じくらい高性能のオーブンができるが、その場合はロボットのおばあさんが台所にすわってしっかりと見守り、温度を感じとって電力を遠隔操作するわけである。

人間も機械の監視もつかないオーブンで料理しようとしても、結果はさんたんたるものだろう。必要な温度を、たとえば一時間のあいだ保っておこうとしたら、入力される熱の量はオーブンから失なわれる分を正確に補わなければならない。外部からの寒気、電圧やガス圧の変化、調理するものの大きさ、レンジのほかの部分が使われているかどうかなど、すべて正しい温度を正しい時間保っておこうとする意志をくじきかねない要素である。

料理であれ絵画であれ、書くことであれ話すことであれ、あるいはテニスであれ、あらゆる技術の習得はすべてサイバネティックスの問題だといえる。まず最善をつくして、できるかぎりミスをへらそうとする。この目標と実際の努力とをくらべ、経験によって学ぶ。そうして、自分の力量のおよぶ最高のところへ達したと納得できるまで、たゆみない努力によって技(わざ)を磨いてゆくのである。このプロセスは試行錯誤による学習といってよいだろう。

おもしろいことに、一九三〇年代になるまで、男女をとわず人びとはその一生を通じてサイバネティックな技巧を用いながら、それと意識していなかった。技術者や科学者たちは、設計にサイバネティックスをとりいれて複雑な機械装置をつくっていた。ところが、これらの行為のほとんどすべてが、その内容の正式な理解も論理的定義もなしにおこなわれていたのである。これは、モリエールの作品に登場する紳士になれない紳士ムッシュー・ジュールデンが、自分のしゃべっているのが散文体であることに気づかないのと同じことだろう。サイバネティックスの理解がかくも遅れた原因は、われわれがうけついでいる古典的な思考プロセスに負うところが大きいかもしれない。サイバネティックスでは原因と結果はもう通用しない。どちらが先かを見分けるのは不可能だし、そんな設問自体が無意味なのである。ギリシアの哲学者たちは、自然が真空を嫌うことを信じていたのと同じくらいかたくなに、循環論法を忌み嫌っていた。サイバネティックスを理解する鍵である循環論法の拒絶は、宇宙がわれわれの呼吸する空気で満たされているという彼らの信条同様まちがっている。

もういちど温度調節つきのオーブンを考えてみよう。適温を保つのは電源だろうか。それともサーモスタットだろうか、サーモスタットが操作するスイッチだろうか。あるいは、料理にふさわしい温度にダイアルを合わせたという目標設定が適温を保っているのだろうか。こんな単純きわまりない制御システムでさえ、構成部分をバラバラに分解し、ひとつひとつを調べるという分析によっては、全体のはたらきについてなんの理解も得られないに等しいが、これは原因と結果をめぐる論理的思考の本質なのである。サイバネティックなシステムを理解する鍵は、生命そのものと同じく、それがつねに構成部分の単なる集合以上のものだということにほかならない。作動中のシステムとしてしかとらえることも、理解することもできないのだ。死体から故人のもっていたさまざまな力がわからないように、スイッチを切ったり分解したりしたオーブンを見ても、それが秘めた機能についてはなにもわからない。

地球は太陽という制御されない放熱器のまわりをまわっているが、このヒーターの出力はけっして一定ではない。ところが、約三イオン半前にさかのぼる生命の曙（あけぼの）以来、地球の平均表面温度は現在のレベルから数度以上はずれたことがない。初期大気の組成における劇的な変化や太陽のエネルギー出力の変動にもかかわらず、われわれの惑星はいまだかつて生命の生存にとって暑すぎたためしも寒すぎたためしもないのである。

第二章で、地球の表面温度がガイアなる複合体によって、それ自身の生存に最適な温度に保たれてきている可能性について述べた。しかし、そのどの部分を〈彼女〉はサーモスタットとして使うのだろうか。惑星の温度を制御するのに、単一のコントロール機構ではまにあうまい。それに、三イオン半にわたる経験と研究と開発の期間があれば、高度に洗練された包括的な制御システムが進化したと考えてまちがいない。そこで、ガイアの温度調節機構を解き明かすにあたって、どのような特徴を探せばいいのか手がかりを得るために、まずわれわれ自身の体温調節のしくみを見ておくことにしよう。

## 3——体温調節とホメオスタシス

医学の発達した現在でも、医療用体温計は、外来の微生物が体内に侵入したかどうか判断するデータを医師に提供してくれるし、患者の体温の変動パターンは侵入者の素姓について有益な情報を与えてくれる。実際、体温計が診断のかなめであるために、波状熱（ブルセラ病によるマルタ熱）などある種の病気は、その体温パターンから名前をとっているくらいである。にもかかわらず、今日でもほとんどの医者にとって、肉体がどのように体温をコントロールするかは、患者にとってそうであるのと同じくらい神秘に包まれている。何人かの生理学者が、多大な勇気と精神力をもって医学を捨て、シ

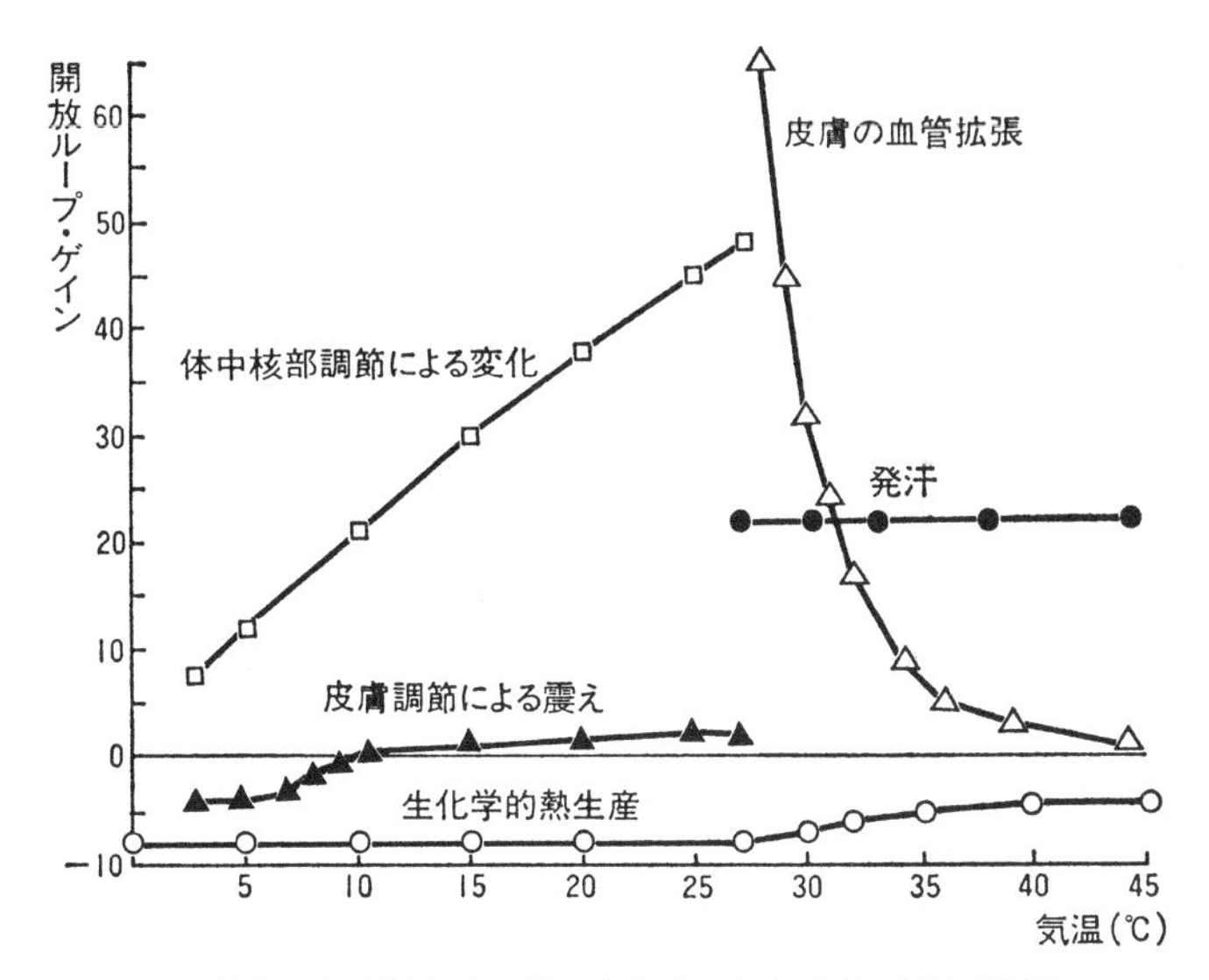


図3　異なった環境温度に裸でさらされたときの、人間の体温調節機能を、五態のプロセスに分けてあらわしたダイアグラム。

ステム工学の道に参入しなおしたのはつい最近のことである。この新たな出発から、体温調節というすばらしい共同プロセスについて部分的な理解が得られるようになった。

健康時のわれわれの体温は、あの神秘なる平熱摂氏三七度になど維持されているわけではない。体温はその瞬間の必要に応じて刻々変化しているのである。走らなければならなくなったり持続した運動をしたりすると、体温は数度上昇して高熱域に突入する。早朝や空腹時には平熱をはるかに下まわる。そのうえ、この比較的一定した三七度というのは、重要な体内管理システムのほとんどが内蔵される胴体と頭部を含んだ中核部にしかあてはまらない。皮膚や手足は大幅な温度変化に耐えねばならず、氷点近くでも不満に震えてみせるていどで機能するようできている。

T・H・ベンジンガーと彼の共同研究者たちは、体温というものが脳とからだのほかの部分との合意によって、つねにその状況にふさわしい最適温度に保たれているという発見をし、われわれの視野をひろげてくれた。基準となるのは温度そのものよりも、体温との関連におけるからだの各器官の効率だという。追求と合意の対象になるのは、最適温度それ自体よりもむしろその状況にふさわしい最適機能なのである。

からだの震えが、ただ寒さにあってみじめな思いをしているということをあらわすだけのものでないらしいという推測は、かなり前からされていた。実際には、震えというのは筋肉活動を増加し、体

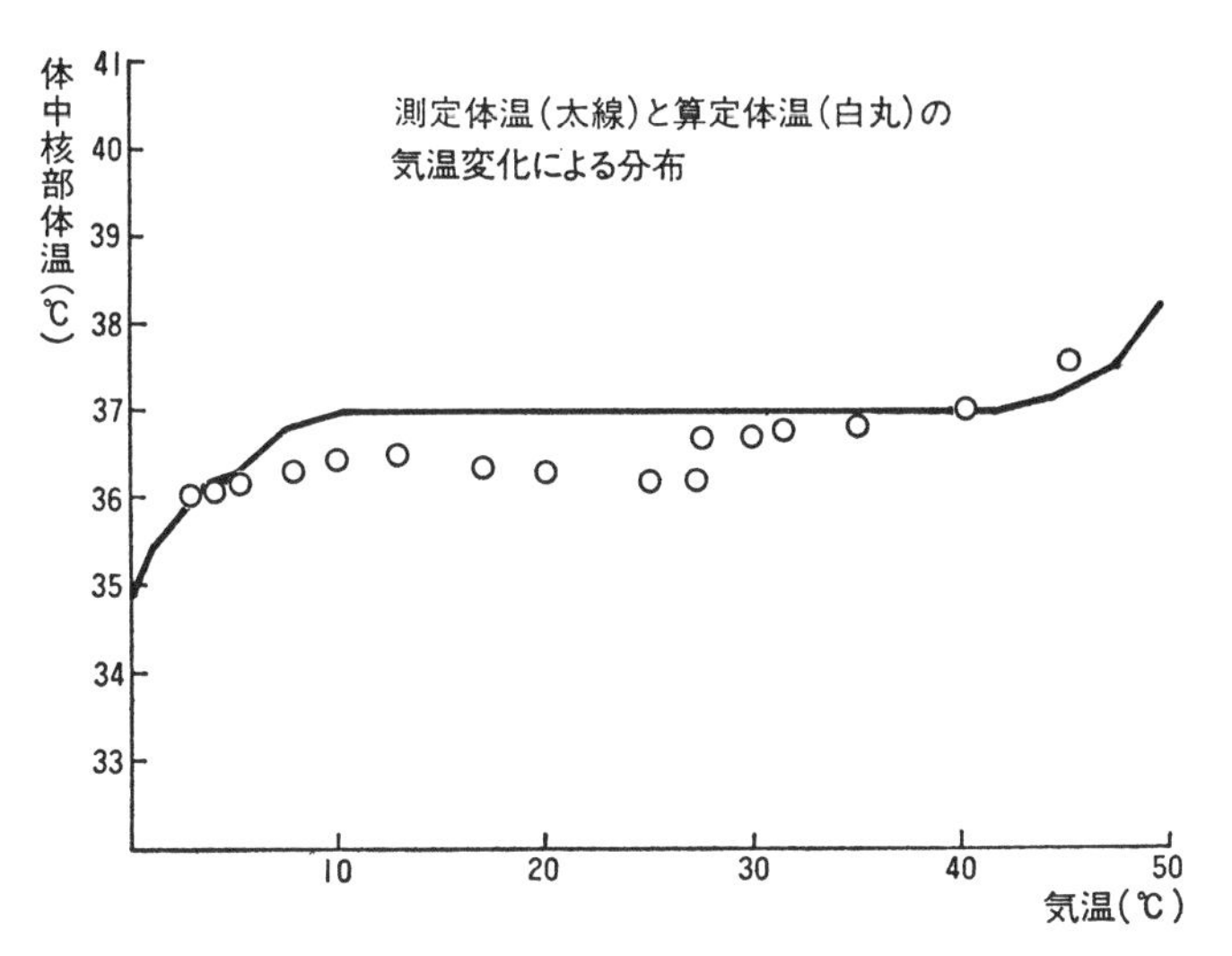


図4　現実の人間の体中核部の体温(太線)と、図4による情報から計算した体温分布(白丸)の比較。五種の異なったシステムの反応を総合すると、人間の体温調節をうまく説明できることがわかる。

内燃焼をふやすことによって熱を発生する方法にほかならない。同様に、発汗はからだを冷やす手段である。ごくわずかな水分が蒸発しても、かなりの熱が奪われてゆくのだから。発汗、震え、それに関連したさまざまな現象などについての地味な科学研究に埋もれてめだたないが、このように、体内活動の量的査定（アセスメント）が体温調節の完全な、しかも説得力のある説明を提供してくれるという発見は大きかった。汗をかいたり震えたり、食物や脂肪を燃焼させたり、皮膚や手足に流れこむ血液の量を調節したりする能力はすべて、氷点から摂氏四〇度以上まで広範囲にわたる外部気温にたいして、からだの中核温度を一定に保とうとする協同システムの一部なのである。

動物によって、これら調節機構のどれをどのていど用いるかは異なっている。犬は蒸発冷却の主要部分として舌を使う。レース直後のグレイハウンド・ダービー勝者を、テレビのクローズアップで見ればこのことは明らかだ。それに加えて、人間をはじめとする動物たちは、たえずもっとも快適な環境を求めて、意図的に暖かいところ、涼しいところへ移動しようとする。必要とあらば環境を局所的に修正して、がまんできる限度内に外気との接触をおさえることもある。われわれは衣服を着、家を建てる。ほかの動物たちは毛皮を生やしたり巣穴をつくったりする。これらの活動は温度調節をさらに補足するメカニズムだが、諸条件が体内調節の能力を越えた場合重要なものとなる。

しばらく話題を哲学的側面に転じて、痛みと不快感という問題を考えてみよう。われわれの一部は、耐えきれないような暑さや寒さ、あらゆる種類の痛みなどを、罪や怠慢に対する一種の天罰かなにかと思いこむ癖をもっていて、こうした感覚がすべてわれわれの生存装備(サバイバルキット)の大切な一部だということを忘れがちである。もし震えや寒さが不快なものでなかったら、われわれがこうしてそれを話り合うこともなかったろう。遠い祖先たちの代で凍え死んでしまっていただろうからである。このような言い方が常套的だと思うなら、C・S・ルイスほどの人でも、その著書『痛みの問題(*The Problem of Pain*)』でとりあげるだけの重要性をこれにみとめたということを考慮されたい。それだけ、痛みを正常な生理現象ととらえるよりも罰とみなすほうが一般的なのである。

アメリカの名高い生理学者ウォルター・B・キャノンはこう述べている。「有機体における安定状態の大部分を維持している協同的生理現象は非常に複雑で、生物に特異なものであり、脳と各種神経、心臓、肺、腎臓、脾臓などの器官がすべて協力しあってはたらいているため、わたしはこのような安定状態をホメオスタシス(恒常性)という特殊な名称で呼ぶことを提案した。」惑星の温度調節をおこなっているしくみが本当にあるのかどうかを明らかにし、ガイアが単一の制御手段でなく一連の温度調節機構を運用していることをつきとめるにあたって、キャノンの言葉は心にとめておくとよいだろう。

生物学的システムというのは本質的に複雑なものである。けれども、いまや現代の工学的サイバネティックスを使ってそれを理解し、解析することが可能になっている。サイバネティックスは、屋内の温度調節にあたる単純な機械じかけの裏にある理論をはるかに越えたところまで発達してきているのだ。おそらく、エネルギー節減の必要に応じて、生物に近い微妙さと柔軟性をそなえた工学システムをつくりだせる日も遠いことではあるまい。家庭の温度調節器が自動的に、家の中で人がいる部分だけに暖房をしぼるというような芸をこなすことも可能かもしれない。

## 4――ガイアの自動制御システム

さてガイアにもどると、自動的な制御システムに出くわしたときそれをどう認知したらいいだろう。動力源を探すか、調節装置を見つけるか、それともなにか複雑なしかけが目やすになるのだろうか。すでに指摘したとおり、サイバネティック・システムがどうはたらくかを知るのに、部分部分の分析はほとんど役立たない。あらかじめなにを探すべきかわかっていないかぎり、それが家庭用か惑星規模のものかにかかわらず、分析的手法によって自動システムを認知しようとする試みは成功しないだろう。

たとえガイアの温度調節システムが存在する証拠を発見できたとしても、そのシステムを構成する各ループを解き明かしてゆく作業は、それらが体温調節にみられるように体内深く埋めこまれていた場合、たやすいものではあるまい。さらに、ガイアにとってもほかのあらゆる生命システムにとっても、温度調節と同じくらい重要なのが化学組成の調節である。たとえば、塩分調節はガイアの調節機能の鍵になっているかもしれない。もしその詳細（ディテール）が腎臓というあの驚くべき器官ほど複雑に入り組んだものだったら、われわれは長丁場の探求を覚悟しなければならないだろう。今日では、腎臓は脳と同じく情報処理器官であることがわかっている。血液の塩分調節をおこなうために、腎臓は個々の原子を念入りに選別する。毎秒何十億という原子イオンを識別し、取捨選択するのである。この最近の発見も容易なものではなかったが、全地球的な塩分および化学的恒常性（ケモスタシス）の調節システムを解明するとなれば、いっそう困難な仕事かもしれない。

オーブンのような単純な制御システムでも、目的を達するのにさまざまな方法をとることができる。地球における過去二百年間のテクノロジーの発達について、まったくなにも知らない異星人がいたとしよう。ガスオーブンなら彼にもじきに見分けがつくようになるだろうが、マイクロウェーブを使った電子レンジをなんだと思うだろう。

サイバネティックスの専門家が制御システムを見分けるのに用いる一般的アプローチがある。それはブラックボックス法（メソッド）と呼ばれ、もともと電気工学を教えるときに使われるものである。学生はそこから何本か電線の出ているブラックボックスを見て、箱をあけずにその機能をいいあてなければならない。許されるのは電線に測定器具や電源をつなぐことだけで、それらを観察することによって箱の内容を推論しなければならないのだ。

サイバネティックスでは、こうしたブラックボックスないしそれにあたるものをとりあげて、まずそれが正常に機能していると仮定する。オーブンのようなものであれば、スイッチがはいった調理中の状態とするし、生き物なら生きていて意識があると考えるわけだ。そのうえで、環境要素のなかでそのシステムによってコントロールされているとみられるものを変化させる実験をおこなう。たとえば、人間の体内システムを調べていて、協力的な被験者がいたとすると、床をさまざまな角度と速度で傾けてみて、床という環境の基本部分が変化したときに被験者がうまく直立していられるかどうかを観察するのもいいだろう。この種の簡単な実験で、被験者のバランス能力についてじつに多くのことがわかるものである。同様に、オーブンについても、周囲の温度を変えてみるのに、まず冷凍庫のなかで作動させ、つぎに加熱室で使うというようなことを試してもいい。そこから、オーブンが内部の温度を一定に保つのに、どのていどの気温の変化に耐えられるかがわかるだろう。また環境の変化につれて電力消費が変わってゆくのも観察できるかもしれない。

あるシステムがコントロールしていると思われる諸要素をかき乱すことによって、その制御システムを理解しようとするこのアプローチは、いうまでもなく概括的なものである。が、それはつねに、正しく適用されれば、観察の対象となるシステムの運行や機能をそこなうことのない穏やかなものでありうるし、またそうでなければならない。この撹乱アプローチの発達のしかたは、他の生物の研究にたいするアプローチの進化発展とどこか似かよったところがある。われわれが生物を現場で殺し、切りきざんでいたのはそう遠い昔のことではない。その後、生きたまま連れ帰って動物園で観察したほうがいいということがわかった。最近は、生物たちの自然生息地で観察するのがよしとされている。が、この進んだアプローチも、残念ながらまだ一般的にはなっていない。生態学的な研究では用いられるかもしれないが、農業においては、動物には手をつけなくとも生息地を破壊してしまうことが多すぎる。それも計画的撹乱としてではなく、単に現実もしくは想像上のわれわれの必要を満たすために——。ハンターの猟銃や猟犬の牙がもたらす血なまぐさい結果に眉をひそめる人は多いが、ガイアのなかでのパートナーたちが、ブルドーザーや鋤や殺虫除草機などによって生息地を奪われてゆくことにはほとんど関心を示さないものである。

殺生を拒みながら集団虐殺をみとめ、大事は看過して小事にこだわるわれわれの一般的風潮をみると、この二重性をもった行動基準が、利他主義同様、みずからの種の存続をはかる性向の進化したものではないかという逆説に、自問の首をかしげざるをえない。

## 5――正と負のフィードバック

ここまで、サイバネティックスと制御理論についてごく一般的にふれてみた。サイバネティックな概念は、数学という科学本来の言語を使ってはじめて完全な、量的な理解が可能となるのだが、それは本書の範囲をこえている。けれども、サイバネティックスという分野にはもう少し深入りする必要があるだろう。それがあらゆる生物の複雑な活動を、もっともよく記述できるからである。

エンジニアというのは応用システム工学者と呼んでいいかもしれない。彼らはアイデアを伝えるのに数学表記を用い、制御理論の重要概念に通ずるいくつかのキーワードやキーフレーズをあやつるのだから。これらの用語は現実的で簡潔なものであり、いまのところそこに含まれる意味をもっとうまく伝えられる表現法がないため、とりあえずそのいくつかを定義してみることにする。そこで、「負のフィードバック」といったサイバネティック用語を説明するには、実地でいくのがいちばん便利で自然であることを考えて、もういちどエンジニアの目で電気オーブンを見てみよう。ここに鉄とガラスでできた箱があって、まわりは熱があまりはやく逃げず、オーブンの外側が手でさわれないぐらい熱くならないよう、グラスウールかその手の材質で詰め物されている。オーブンの内側は壁面にそって電気ヒーターがはりめぐらされており、しかるべき位置にはサーモスタットがついている。前にとりあげたオーブンは、目標温度に達したらただちに電源を切るスイッチがついているだけのお粗末なものだった。今度のオーブンは台所用というよりは実験室用の高級モデルで、温度調節をする点滅スイッチのかわりに温度感知器(センサー)がついている。これはオーブンの温度に対応した信号を送る装置だが、温度ゲージを動かすだけの弱電流を発生するようにできている。ただし、この電源はオーブンの熱出力に影響をおよぼすにはほど遠い。つまり、これは動力ではなく情報を伝達する装置なのである。

この温度感知器(センサー)からの微弱な信号は、ラジオやテレビのアンプに似た増幅器に送られ、オーブンを熱することができるだけの電流に強められる。増幅器自体は電気を起こすわけではなく、電源からほんの少しの電力をとってその活動にあてるだけである。温度感知器(センサー)からの信号の強弱はオーブンの温度と正比例しているため、それを直接増幅器とつなぐわけにはいかない。もしそんなことをしたら、温度調節されたオーブンではなく、エンジニアが「正のフィードバック」と呼ぶものの見本に、サイバネティック的大失敗作を組み立ててしまうことになる。つまり、オーブンの温度が上がるにつれて、発熱部分に送られる電力はますます大きくなってゆくのである。悪循環の結果オーブンの温度はみるまに急上昇し、内部がミニチュアの火炎地獄となるか、ヒューズのような切断装置が電源回路を切るかするまでとどまるところを知るまい。

温度感知器（センサー）を増幅器につなぐ正しいつなぎ方は（技術畑の人ならこれをループを閉じるという）、感知器（センサー）からの信号が強くなればなるほど増幅器の出力が小さくなるような回路にすることである。このような接続のしかた、あるいはループの閉じかたを〈負のフィードバック〉と呼ぶ。いま問題にしているオーブンについていえば、温度感知器（センサー）からでている二本の電線のつなぎ方で正のフィードバックになるか負のフィードバックになるかが決まるわけである。

正のフィードバックによってたちまち大惨事にいたるか、負のフィードバックによって正確な温度制御ができるかは、増幅器の〈利得（ゲイン）〉にかかっている。これは感知器からの信号が何倍に増幅されるかをあらわす数字で、ヒーターに流れるエネルギーを強めるかおさえるかの決め手となる。いくつかのループが共存する場合、それぞれのループに独自の〈ループ・ゲイン〉をもった増幅器がつく。われわれのからだのような複雑なシステムは、正負のフィードバック・ループを共存させていることが多い。ときには正のフィードバックが有効なのは明らかである。たとえば急にからだが冷えたような場合、負のフィードバックがコントロールを取りもどす前に、すばやく正常な体温を回復したほうがいいだろう。

薪や石炭を使う古い台所レンジについていたおばあさんのオーブンは、おばあさんが台所を離れていて温度感知器がない状態だと、いわゆる〈開放ループ〉になる。ガイアを探求するにあたって大きな鍵となるのは、表面温度といった地球の一側面が偶然によって開放ループ的に決定されているのか、それともガイアが実在して正負のフィードバックを使いこなしているのかを発見することである。

## 6——情報と自由エネルギー

感知器（センサー）のフィードバックしてくるのが〈情報〉だということは注目にあたいする。オーブンの場合、この情報は信号の強弱をともなった電流によって伝えられるが、情報の経路（チャンネル）としては話し言葉をはじめほかのどんなものでもかまわない。もしあなたが乗客として車に乗っていて、スピードが速すぎると状況判断し、「とばしすぎですよ。もう少しスピードを落としましょう」と言えば、それは負のフィードバックになる。（運転手があなたの警告に耳をかしたとしての話である。もし不幸にして両者の接続が逆になっていて、あなたがゆっくり走ってくれと叫べば叫ぶほど運転手のほうはむきになってスピードを上げるようなら、それは正のフィードバックのいまひとつの好例となるだろう。）

情報は、もうひとつ記憶に関しても制御システムの本質的な不可欠部分である。過ちを正し、目標（ゴール）を見失わないために、制御システムは刻一刻情報をたくわえ、再生し、比較検討する力をもたなければならない。結局のところ、あつかう対象が単純な電気オーブンであれ、コンピュータによる集中管理方式のチェーン店であれ、睡眠中の猫であれ、ひとつの生態系であれ、あるいはガイア自身であれ、それが適応力をもち、情報を収集して経験や知識を蓄積する能力をそなえているならば、それはサイバネティックスの研究領域であり、研究の対象は〈システム〉と呼ぶことができる。

うまく機能している制御システムのなめらかな運行には独特の魅力がある。バレーの魅力は、踊り手たちの優雅な、一見なにげない筋肉コントロールに負うところが大きい。磨きぬかれたバレリーナの絶妙な身のこなしは、完璧なタイミングとバランスをもった微妙で正確な力の拮抗によるものである。人間の肉体システムは、過失を訂正しようとする負のフィードバックを用いるのが早すぎるか遅すぎるかでよく失敗する。練習中のドライバーが、目ざすコースから車がそれてゆくのをタイミングよく察知できずに、ハンドルを右へきったり左へきったりしてフラフラと走るさまを思い描くといい。でなければ、千鳥足の酔払いが、彼いわく「むこうから飛びだしてぶつかってきやがる」電柱へむかってゆくところはどうだろう。アルコールで反射神経が鈍り、回避動作がまにあわないのである。

フィードバック・システムのループを閉じるのがあるていど以上遅れると、訂正がゆきすぎて負のフィードバックから正のフィードバックへ変わってしまうことがある。とりわけ、その出来事(イベント)がごく限られた時間内に起こる場合それが多い。するとその装置は、ふたつの極限のあいだを、ときとして激しく振動する失敗作となりかねない。そのようなふるまいは、自動車の方向転換システムに起こればたいへんなことになるだろうが、風や弦や電子楽器から音がするのはこの振動によるものだし、ありとあらゆる周期信号を出す電子装置はすべてこれを応用してつくられている。

ここまでくると、工学における制御システムというのは、前にふれた、豊富な自由エネルギーのもとで存在する原生命態のひとつにあたるものであることがおわかりだろう。非生物システムと生物システムの唯一のちがいは、複雑さの度合いでしかなく、その差は自動システムの発達にともなってどこまでも小さくなってゆく。人工頭脳がいま実現するか、もうしばらく待たねばならないかは議論の余地の残るところだが、忘れてならないのは、生命そのものと同じように、サイバネティック・システムも出来事の偶然の結びつきで発生進化しうるということである。必要なのは自由エネルギーの流れと、豊富な組み立て用部品にすぎない。多くの湖の水位が、流入河川の水量に左右されないことは注目にあたいする。そうした湖は、自然な無生物的制御システムだといえるだろう。そのからくりは、湖から流出する河川の水量が、ごく小さな深度の変化につれて大きく変わるようにできていることにある。つまり、高利得の負フィードバック・ループが湖の水位調節にあたっているわけだ。場合によっては惑星大の運行規模をもつかもしれないこの種の非生物的システムが、ガイアの意図のもとにつくられたものだと早合点するのは禁物だが、ガイアがそうしたシステムを自分の目的にあわせて適合開発する可能性も否定すべきではない。

本章で複雑なシステムの安定性について論じたのは、ガイアが生理学的にどう機能しうるかを示唆するためである。いまのところ〈彼女〉の実在はまだ仮説の域を出ないけれど、本章でふれたことは、今後の探索で発見するかもしれないものの参考となる地図（マップ）、あるいは回路図の役割をはたしてくれるだろう。もし、その構成部品としての動植物の活動を利用し、地球の気候、化学組成、地勢を調節する力をもった惑星大の制御システムが実在するという確たる証拠をつかんだならば、われわれはこの仮説を理論にまでおしすすめることができるにちがいない。

第五章▼

# 現在の大気圏

生命圏（バイオスフィア）がわれわれをとりまく空気の成分を積極的に維持し、調整し、
地上の生命に最適の環境を提供していると主張するガイア仮説は、
はたしてわが地球の不思議な大気組成を説明できるだろうか。

そこで、生理学者が血液の成分を調べ、
それが全体としての生命体のなかでどのような
機能をはたしているかを見るのと同様なあつかいで、
大気を調べてみることにしよう。

## 1——宇宙空間からの地球像

人間の知覚における死角のひとつは、前例にこだわりすぎるという点であった。いまからほんの百年前、すぐれた知性と感性の人であるはずのヘンリー・メイヒューですら、ロンドンの貧民をまるで異人種であるかのように書いている。そうでなければ、彼らと自分がこれほどちがっている理由がわからない、とメイヒューは考えた。ヴィクトリア朝の時代には、家系と社会的地位が、現在ところによって知能指数に与えられるのと同じ重要度をしめていた。今日、育種だの血統だのを賞賛するのは農家の人か牧畜業者か、でなければ愛犬家クラブのメンバーときまっている。

それでもなお、就職試験の面接では学歴が偏重されるきらいがある。応募者の本当の人となりやその可能性を見出そうとするより困難な一歩を踏み出すよりは、学歴という証拠資料のほうを重んじてしまうのである。数年前まで、われわれの大部分は地球について同様な盲点をもっていた。遠い過去にばかり注目していたのだ。岩石記録や原始の海洋生命に関する教科書や論文は山ほど書かれており、われわれはこうしたうしろむきの観点が、地球の諸特性や可能性のすべてを解き明かしてくれると思いこんでいる。これはひどい話で、仕事の応募者を吟味するのに、その人のひいおじいさんの骨を調べるのに等しい。

けれども、われわれがこれまで宇宙空間における研究から地球について学んできたこと、そしていまも学びつづけていることによって、最近まったく新しい地球像が浮かびあがってきた。月面から宇宙空間をバックに太陽軌道をめぐる母星を一望したわれわれは、不意に自分がありきたりの惑星の住人でないことにめざめたのである。クローズアップで見たとき、人間がこのパノラマにおよぼした影響がいかにいやらしく、きたならしいものだとしても、このめざめの意味するところは大きかった。遠い過去になにが起こったにせよ、われわれは太陽系の美しくも不思議な例外を構成する生きた一部分にちがいないのだ。こうして、焦点はいま宇宙からとらえられる地球、とりわけその大気へと移った。われわれはすでに、地球を包むつかみどころのないガスのヴェールの組成やふるまいについて、もっともすぐれた先達たちをはるかにうわまわる知識をもっている。地表面に近いより濃度の高い層は、たえまない変転と化学的混乱のさなかにありながら、けっしてバランスを失わない反応性ガスが興味深い混合をみせている。外縁部の希薄な繊毛は重力で宿主(ホスト)にしがみついて、宇宙空間に一千マイルものびひろがっている。しかし、水素原子よろしく大気圏を離脱してしまう前に、ひとつ質量を増大していくつかの事実をつなぎ合わせてみることにしよう。

## 2——大気圏の構成

大気圏にはいくつかはっきりと分かれた層がある。地表から上昇してゆく宇宙飛行士は、まずもっとも低層で濃度の高い〈対流圏〉を通りぬけるだろう。この層は七マイルほど上空までひろがり、ほとんどの雲や天候の起こる場所である。この層はまた空気呼吸をする大部分の生物にとっての「空気」を意味し、ガイアの生物部分と気体部分との直接的交流が起こるところでもある。対流圏は大気圏の全質量の三分の一以上をしめる。大気圏のなかでは対流圏にしかみられない興味深く、また意外な特徴は、それが赤道附近を境にして二分されていることである。北と南の空気は自由に混ざりあわないのだ。これは熱帯を船で旅すれば明らかで、南半球のきれいな空と北半球の比較的よごれた空とははっきりと透明度がちがう。

ごく最近まで、対流圏内の諸ガスは稲妻の高熱やそれに類した条件がないかぎり、あまり相互反応しないものと考えられていた。けれども、デーヴィッド・ベイツ卿、クリスチャン・ユンゲ、マーセル・ニコレらによる大気圏化学の先駆的研究のおかげで、今日では、対流圏が惑星大のゆっくりとした冷たい炎さながらに反応していることがわかっている。数多くのガスが酸素との反応で酸化され、空気中から消えてゆく。こうした反応は太陽光によってひき起こされるもので、太陽光が複雑な反応連鎖のすえに、酸素をオゾンや水酸基などのより反応性の高い酸素担体(キャリヤ)に転化させるためである。

地球上のどこから上昇するかによるが、七マイルから一〇マイルを越えたところで、わが宇宙飛行士は成層圏にはいる。成層圏という名前は、たえず時速数百マイルという突風が吹き荒れているのにもかかわらず、この層の空気が垂直方向に混ざりにくいところからきている。成層圏の最下層、〈圏界面〉では温度は非常に低いが、上昇するにつれて高くなる。対流圏と成層圏の特徴は、それぞれの内部における温度勾配を見れば明らかである。百メートル昇るごとに確実に一度Cずつ温度が下がってゆくおかげで、対流圏内では空気が垂直方向に動きやすく、つね日ごろ見なれた各種の雲の形成をたすけている。

それにたいして、上へゆくほど暖かくなる成層圏では熱い空気が上昇したがらず、その結果として安定した層が重なっている。太陽からくる紫外線のうち波長が短かめで強力なものは、成層圏上層をつらぬいて酸素を酸素原子に分解する。これらの酸素原子はすぐに再結合するが、しばしばもとの酸素でなくオゾンの形をとる。こうしてできたオゾンもまた紫外線によって分解されるために、オゾン濃度は最高五ｐｐｍていどで平衡が保たれている。成層圏の空気の濃さは火星のそれと大差なく、酸素呼吸をする生物は生存できない。事実、加圧した特殊環境をつくって低圧を克服したとしても、オゾン中毒によって生命は急速に破壊されてしまうだろう。超高空を飛ぶ長距離航路の乗客や乗組員たちが最近発見して不快な、危ない思いをしたように、飛行機のなかで許容可能なところまで加熱加圧してみても、成層圏の空気は呼吸に適さないのである。それにくらべればスモッグのほうが健康的だといってもいい。

成層圏の化学は、学究的科学者たちにとって興味のつきないものである。そこではガス相という純粋抽象的条件のもとで、無数の化学反応が起こっている。これまで、大気圏化学における科学的活動のほとんどが成層圏以上の領域に集中していたのも無理からぬことである。この分野は、もっとも高名な超高層大気物理学者シドニー・チャップマンの命名によって超高層大気化学と呼ばれている。けれども、仮説としていまだ未確認のオゾン転換以外、地表の生命は、それを代表する科学者たちほど大気の高層に関心がないように見うけられる。これは批判ではなく、科学が測定し、議論できることを追いかけがちだという事実に照らしてみただけのことで、実際、大気圏の大半をしめる対流圏の測定と理解はもっとも遅れている。しかも、対流圏こそガイアにとっていちばん重要な部分にちがいないのである。

成層圏を通りぬけて〈電離層〉にはいると、空気はごく希薄になり、高度上昇につれて激烈な生の太陽光線を浴びるとともに、化学反応の速度も増大する。このような高層においては、窒素と一酸化

表3　空気中の化学反応性ガス

| ガス | 濃度（%） | 年間流動量（メガトン） | 非平衡の度合 | ガイア仮説における想定機能 |
|---|---|---|---|---|
| 窒素 | 79 | 300 | $10^{10}$ | 加圧、消火、海中の硝酸の代替物 |
| 酸素 | 21 | 100,000 | ゼロ、参照基準 | エネルギー参照ガス |
| 二酸化炭素 | 0.03 | 140,000 | 10 | 光合成、気候制御 |
| メタン | $10^{-4}$ | 1,000 | 無限 | 酸素調節、嫌気性地帯の換気 |
| 亜酸化窒素 | $10^{-5}$ | 100 | $10^{13}$ | 酸素調節、オゾン調節 |
| アンモニア | $10^{-6}$ | 300 | 無限 | pH調節、気候制御（従来説） |
| 硫黄ガス群 | $10^{-8}$ | 100 | 無限 | 硫黄サイクルの運搬ガス |
| 塩化メチル | $10^{-7}$ | 10 | 無限 | オゾン調節 |
| ヨウ化メチル | $10^{-10}$ | 1 | 無限 | ヨウ素の運搬 |

付記：第4項の「無限」は計算の限界をこえていることを意味する。

炭素をのぞくほとんどの分子が構成原子に分解してしまう。一部の原子や分子はさらに陽イオンと電子に解離され、電導性をもった層を形成する。人工衛星ができるまで、世界的コミュニケーションはラジオ電波を反射するこれらの層にたよっていたものである。

空気の最外層である〈外気圏〉は、一立方センチあたり数百の原子しか含まない超希薄なものだが、同じように希薄な太陽の大気外層と溶けあっていると考えていい。かつては、外気圏から水素原子が離脱してゆくことによって地球に酸素大気ができたと考えられていた。しかし現在では、このプロセスがじゅうぶんな酸素を供給するほどの規模で起こっていることには疑問がさしはさまれているばかりか、むしろ逃げた水素原子は太陽からの水素流によって相殺、あるいは追加補充されているのではないかと推察されている。一三一ページの表3は空気中の主な反応ガスとその濃度、滞留時間、主要発生源を示すものである。

すでに説明したとおり、私が最初に、地球の大気が単なる各種ガスの羅列でなく生物学的な集合体だという可能性に着目したのは、惑星大気の化学組成を分析するとそこに生命が存在するか否かがわかるという理論を検証しているときのことだった。その理論は実験によって確認されたが、同時に、地球の大気組成はあまりにも奇異で矛盾を含んでおり、偶然によってできたり、存続したりしたものではありえないという確信にもつながった。地球の大気はほとんどあらゆる点で平衡化学の法則を破っているのにもかかわらず、目にみえた無秩序のただなかで、なぜか生命にとって比較的一定した好ましい諸条件が維持されているのである。予想外のことが起こり、それが偶然の出来事として説明できなければ、合理的な説明を求めるにあたいしよう。生命圏（バイオスフィア）がわれわれをとりまく空気の成分を積極的に維持し、調整し、地上の生命に最適の環境を提供していると主張するガイア仮説は、はたしてわが地球の不思議な大気組成を説明できるだろうか。そこで、生理学者が血液の成分を調べ、それが全体としての生命体のなかでどのような機能をはたしているかを見るのと同様なあつかいで、大気を調べてみることにしよう。

### 3――酸素と生命圏（バイオスフィア）

化学的にみれば、量として最大ではないが、空気中の主要ガスは酸素だといっていい。われわれの惑星全般に化学的エネルギーの基準値を規定し、可燃物があれば地球上どこでも火がつけられる条件をつくっているのは酸素にほかならない。鳥が空を飛び、われわれ人間が走ったり冬の暖をとったり、おそらく考えるということを可能にしたりする幅ひろい化学的ポテンシャルの差異も酸素のなせるところである。現在の酸素圧力（テンション）が生命圏（バイオスフィア）におよぼす効果は、二〇世紀の現代生活にとって高圧電気が意味するものに等しい。なくてもやっていけるにはいけるが、さまざまな可能性は奪われてしまうのである。化学では環境の酸化力を、ボルト単位で電気的に測定される〈酸化還元ポテンシャル〉であらわすことになっているから、右の対比はあながち遠いものではない。実際それは、一方の電極を酸素に、もう一方の電極を食物においた電池(バッテリー)のようなものを想像していいのである。

緑色植物や藻類の光合成によってつくられた酸素のほとんどすべては、比較的短時間のうちに大気圏を循環し、いまひとつの基本的生命活動である呼吸に消費される。この相補プロセスでは、酸素の総量がふえないのはいうまでもない。だとすれば、酸素はどのようにして大気中に蓄積したのだろうか。

最近まで、酸素のおもな生産源は高層における水の光分解だと考えられていた。水の分子が分解されて、軽い水素原子は重力場を離脱し、残った酸素原子は対になって気体分子をつくるか、三個結合してオゾンをつくるかするという説である。このプロセスによって酸素の総量が増加するのはたしかだが、過去において重要な酸素源ではあったかもしれないにしろ、現在の生命圏(バイオスフィア)が酸素の供給をたよるにはあまりにも収量が少ない。大気中の酸素の主要生産源は、一九五一年、ルービーが最初に提唱したように、緑色植物と藻類がみずからの有機組織中に固定する少量の炭素が、堆積岩のなかへ埋没してゆく現象だと考えてまちがいないようだ。年間を通じて固定される炭素のおよそ一パーセントが、植物の残骸として陸地表面から海や川へ流れこんで埋没し、こうして光合成および呼吸のサイクルから除去された炭素原子一個につき一個の酸素分子が空中に残ることになる。このプロセスがなければ、風化や地殻運動、火山性のガス噴出などによって地表にあらわれた還元物質と反応する結果、酸素はじょじょに空気中から減少してゆくだろう。

どこか皮肉なことだが、科学者の名声は彼がその分野の進歩をどれだけ長く停滞させたかではかられるという。多くの大科学者のなかにあって、パスツールもその例外ではなかった。空気中に酸素があらわれるまで、下等な生命形態しか可能でなかったという定説は彼がいいだしたものである。この説は長い寿命を保ったが、第二章でふれたように、いまでは最初の光合成生物でさえ、現在の微生物がおかれているのと変わりない高い化学的ポテンシャルのもとで活動していたと考えられるようになった。ただし原初においては、今日酸素によって設定されている大きな潜在エネルギー勾配は、それら原始光合成生物の細胞内にしか存在しなかった。のちに彼らが増殖するにつれ、それは彼らの微視的（ミクロ）環境にひろがり、最後に地球の原始還元物質がすべて酸化され、ようやく酸素が空中に出現できるゆとりができるまで、生命とともに伸展しつづけていったのである。けれども、そもそものはじめから、光合成細胞の酸化性物質（オキシダント）と外部の還元環境との潜在エネルギー差は、今日、外部の酸素と細胞内の食物とのあいだにあるエネルギー差と同じくらい大きなものだった。

それが化学的なものであれ電気的なものであれ、高いポテンシャル源には危険がつきまとうが、なかでも酸素はとくに危ない。酸素濃度が二一パーセントという現在の大気は、生命にとって安全の上限だといえる。これよりほんの少しでも濃度が増せば、火事の危険は倍加する。落雷による山火事の危険性は、酸素濃度が現在のレベルより一パーセント上昇するごとに七〇パーセントも増加するのである。酸素濃度が二五パーセントを越すと、現在の植生はほとんど荒れ狂う猛火を生きのびられず、熱帯降雨林も極地ツンドラも壊滅をまぬがれまい。レディング大学のアンドリュー・ワトソンは、最近の実験で、自然の森林とごく近似した一連の条件をつくり、山火事の確率を次のようなグラフとして導きだしている。

現在の酸素レベルは、ほぼ危険と利益の均衡点にあたる。山火事も起こるが、二一パーセントという酸素濃度のもたらす高い生産性をさまたげるほどの頻度ではない。これも電気とよく似ている。送電にともなうエネルギー損失と送電線に使う銅の量は、供給電圧を上げれば大きく減少させることができるが、感電によるショック死や自然発火の危険を許容範囲内におさえるには、二五〇ボルトの家庭用電圧(英米の場合)ていどが適当なのである。

発電所の技術者たちは、機械装置をでたらめに動かすことなどしない。その設計と運転操作にはゆきとどいた配慮と技術がむけられ、家庭に送られる電気が一定の安全ポテンシャルを保つようはから

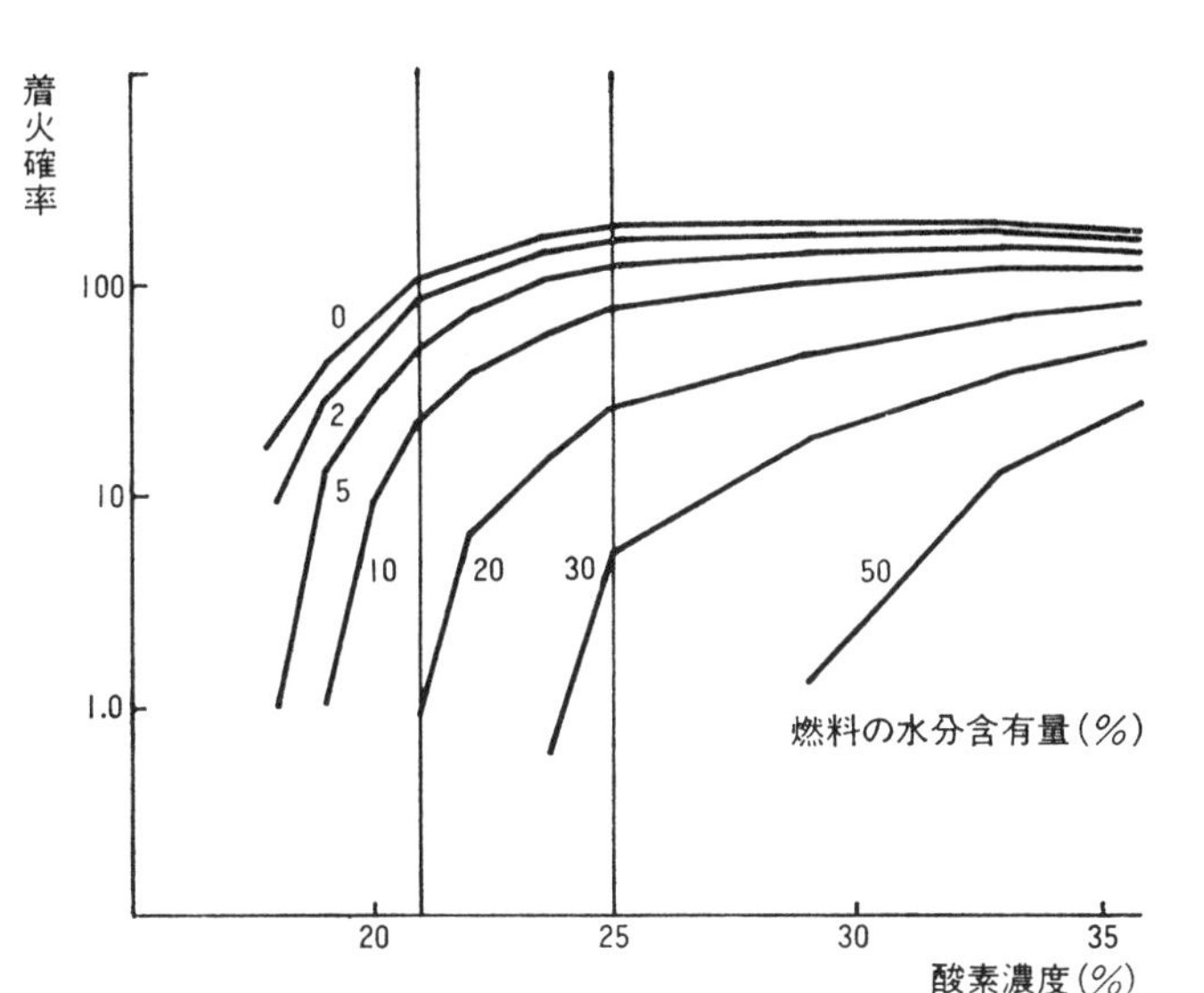


図5　異なった酸素濃度の大気中における、草地ないし森林の火災確率。自然火災は落雷や自然発火によって起こるが、その確率は自然の化石燃料の水分含有量に大きく左右される。太線はそれぞれ完全乾燥状態(0%)から目で見てぬれている状態(45%)まで、7段階の水分レベルを示す。現在の酸素濃度(21%)では、水分が15%以上になると火は起こらない。しかし酸素が25%になれば、しめった小枝や降雨林の草地でも着火するだろう。

れている。だとしたら、いったい酸素レベルはどのようにコントロールされているのだろうか。この生物学的調整機構の議論にはいる前に、大気組成をもっと細かく見てみる必要がある。望遠鏡や顕微鏡を通し、あるいは試験管のなかで単一のガスを調べても、それと空気中のほかのガス群との関係についてはほとんどわからない。それは文中の一語を検討して文の意味を知ろうとするようなものである。大気のもつ情報内容は、ガス群の組み合わせ全体のなかに含まれているのであって、エネルギー参照ガスとしての酸素を考えるにあたっては、酸素と反応する可能性をもつ、あるいは実際に反応している空気中の他のガスとの関係においてとらえなければならない。それではまずメタンからはじめることにしよう。

## 4——メタンの機能

ハッチントンはいまから三〇年前に、湿地ガスとも呼ばれるメタンが生物学的産物であることを明らかにした。彼はその大部分が反芻動物の屁（おなら）からくるものと考えたのである。おならの貢献度は無視できないとしても、今日ではメタンガスの大半が、海底、湿地帯、河口など炭素埋没が起こる場所の嫌気性の泥や沈澱物のなかで、微生物が発酵することによってつくられることがわかっている。こうして微生物が生産するメタンの量は驚異的で、年間少なく見積っても一〇億トンにのぼる。（家庭に送られてくる「天然」ガスは、石炭や石油の親類にあたる化石ガスでこれとは素姓がちがうが、惑星規模でみるとごくわずかな供給量しかない。一〇年かそこらで、「天然」ガスの小さな蓄積は涸渇してしまうだろう。）

自己調節機能をもつ生命圏（バイオスフィア）が、そのガス環境を積極的に生命に最適の状態に保っているという考え方からすれば、メタンのようなガスがどんなはたらきをしているかを問うことは妥当だといえる。それは血液中のグルコースやインシュリンがどのような機能をもっているかという問いと同じくらい理にかなっている。非ガイア的な文脈では、こんな設問は堂々めぐりのそしりをうけるだろうし、それだからこそいままで問われずにきたにちがいない。

それならば、メタンにはどんな目的があり、酸素とはどのような関係をもっているのだろうか。ひとつはっきりとした機能は、その出所である嫌気地帯の保全である。そうした悪臭ふんぷんたる泥のなかをたえず湧き上がりながら、メタンは砒素や鉛のメチル誘導体をはじめとする揮発性物質や、嫌気生物からみれば有毒な酸素そのものを運び去ってゆく。

大気に触れたメタンは酸素の調節にあたって二役をこなすものとみられ、あるレベルでは酸素を取り入れ、別なレベルでは少量返すというようなはたらきをしている。メタンの一部は成層圏まで上昇し、酸化して二酸化炭素と水になるが、これが空気の上層に含まれる水分のおもな源泉である。水は最終的に酸素と水素に分解して、酸素は下降するいっぽう、水素は宇宙空間に逃げてゆく。つまりこれによって、長い目で見た場合、空気中の酸素が少量ながら確実にふえてゆく保証ができたわけである。差引勘定が合っているときには、水素原子一個の離脱はつねに酸素分子一個の増加を意味するのだから。

それにたいして、大気下層におけるメタンの酸化は、年間二〇〇〇メガトンという大量の酸素を消費する。このプロセスはわれわれがそのなかで生き、動きまわっている空気中でゆっくりとたえまなく進行しているが、複雑で微妙なその反応連鎖の解明は、マイケル・マッケロイと彼の共同研究者たちに負うところが大きい。簡単な計算で、メタン生産がおこなわれなければ、空気中の酸素濃度は一万二〇〇〇年ていどのうちに一パーセントも上昇してしまうことがわかっている。これは非常に危険な変化だといえるし、地質学的な時間のスケールでみるとあまりにも急激なものである。

ルービーが提唱し、ホランドやブロエッカーらのすぐれた科学者たちが発展させた酸素均衡の理論によると、大気中の酸素濃度は、炭素埋没からくる純利得(ネット)と、地殻内部から放出される還元物質の再酸化で生ずる純損失(ネット)とのバランスによって一定に保たれている。けれども、生命圏(バイオスフィア)というエンジンは出力が大きすぎて、技術者たちのいう受動的制御システムだけにまかせておくわけにいかない。それでは、発電所のボイラーの圧力が、くべられる燃料の量とタービンをまわすのに必要な蒸気の量のバランスだけで決められるのと同じことである。電力需要の落ちる暖かい日曜日など、ボイラー圧は爆発の危険性がでてくるほど上がるにちがいないし、反対に需要のピーク時には、圧力がさがって消費に追いつかないだろう。このために、技術者たちは能動的制御システムというものを用いる。第四章で説明したように、これには圧力計や温度計といった感知部分がついていて、必要最適量からのわずかなズレをキャッチし、システムから小さなエネルギーを借用して燃料の燃焼率を変化させる。

大気中の酸素濃度の一定性は、この能動的制御システムの存在を示唆している。おそらく、空気中の最適酸素濃度からのズレを感知し、合図する手段があるのだろう。これがメタン生産および炭素埋没と連結している可能性はじゅうぶんある。炭素質の物質は深水中の嫌気地帯に達すると、メタンをつくるか埋没するかのふたつにひとつをとるしかない。現時点では、埋没する炭素の二〇倍の炭素が年間一〇〇〇メガトンのメタン生産にまわっている。だとすると、この割合に変化をもたらすことのできるしくみがあれば、りっぱに酸素調節の用をたせるわけである。おそらく、空気中の酸素がふえすぎると、メタン生産の過程でなんらかの警告シグナルが増幅され、その結果大気中にこの調整ガスが放出されて、すみやかに安定状態が保たれるのであろう。メタンが酸化されるさいに一見無駄使いされるエネルギーは、現在では反応のすばやい能動的バランス調節機構に必要不可欠なものとされている。海底や湖や池の悪臭ふんぷんたる泥中に住むこれら嫌気性微小植物群(ミクロフローラ)の助けなしには、この本を書くことも読むこともできなかったかもしれないのだから不思議なものである。彼らのつくりだすメタンがなければ酸素濃度は容赦なく上昇し、しまいにちょっとした火の気が大破局を招く状態となって、湿地の微小植物相をのぞいて陸上の生命は生存不可能となるだろう。

## 5——亜酸化窒素とアンモニア

大気ガスのなかでもうひとつ奇妙なのは亜酸化窒素である。メタン同様、亜酸化窒素の空気中濃度は現在のところ約1/3ppmで、これまたメタンと同じく、その微小濃度と土壌や海洋に住む微生物によるその生産率とはまったく符合しない。亜酸化窒素は年間一〇〇メガトンから三〇〇メガトンつくられているが、これはほぼ窒素自体が空気中に返還される量に等しい。それなのに窒素ばかり豊富にあって亜酸化窒素がごくわずかしかないのは、窒素が安定したガスで蓄積しやすいのにたいし、亜酸化窒素のほうは太陽からの紫外線でたちまち破壊されてしまうからである。

この妙なガスになにかしら有益なはたらきがないかぎり、仕事じょうずの生命圏(バイオスフィア)がそれをつくるのに大事なエネルギーをむだ使いすることはまず考えられない。用途としてはふたつの可能性があるが、生物学では同じ物質がひとつ以上の目的に使われることは日常茶飯事だから、両方とも重要なものか

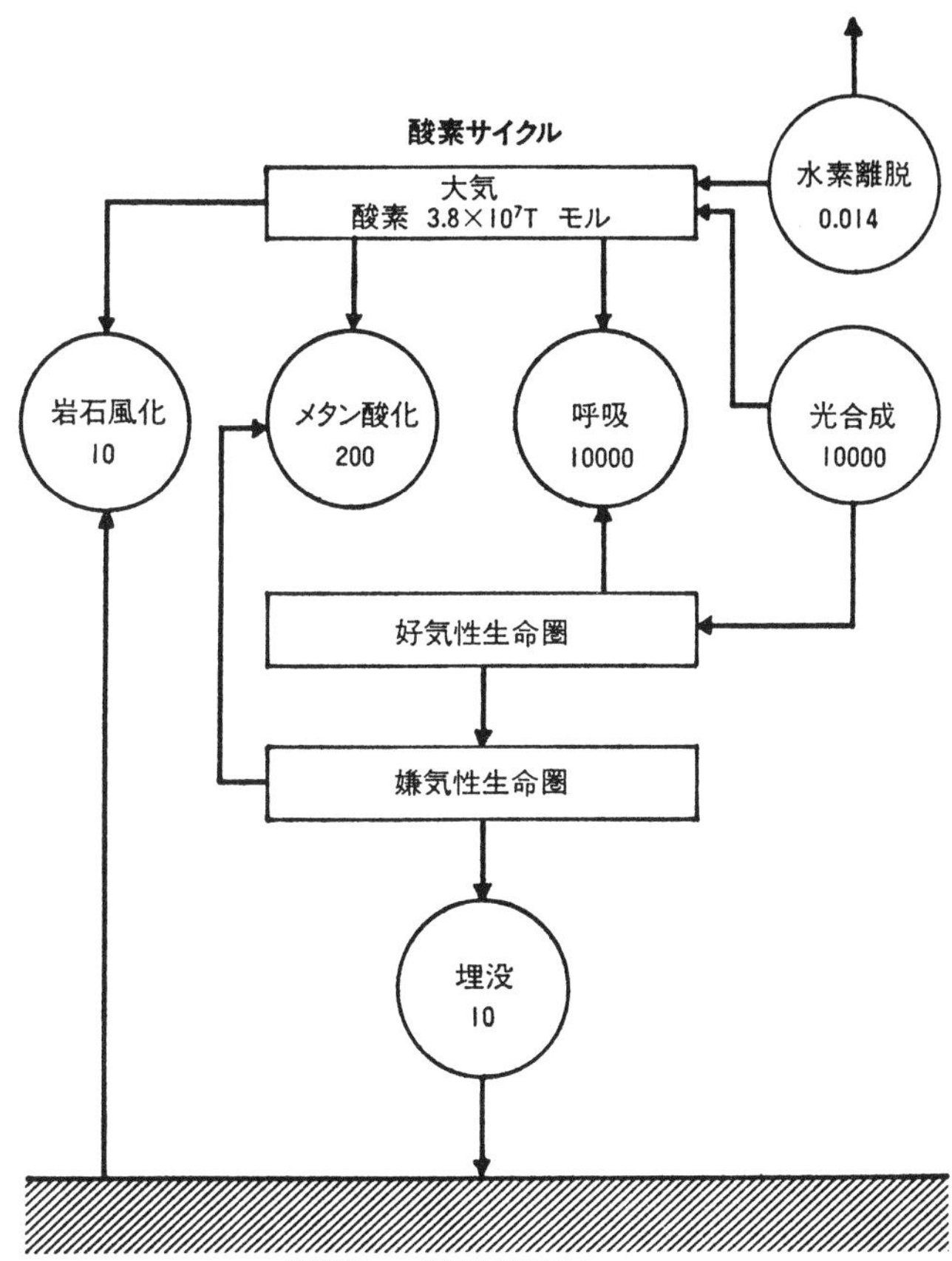


図6 地球の大気圏、表面、海洋におけるおもな所在地をめぐる、酸素と炭素の流動状況。量の単位はテラモル。1テラモルの炭素は12メガトン、酸素は32メガトンである。円内の数字は年間流量。大気と堆積岩中の蓄積量も、数字であらわしてある。炭素が、海底および湿地帯などの下にある堆積層への埋没をへて、大部分「湿地ガス」と呼ばれるメタンとして大気に返還されていることに注目されたい。

もしれない。まず第一に、亜酸化窒素はメタン同様、酸素調節の任にあたっている可能性がある。亜酸化窒素によって土壌や海底から大気に運び上げられる酸素の量は、地下からたえまなく湧出する還元物質の酸化によって失われる量の二倍もある。だとすれば、亜酸化窒素はメタンの相方と考えていいかもしれない。少なくとも、メタン生産と亜酸化窒素の生産が相補的で、酸素濃度のすみやかな調節にひと役買っている可能性はじゅぶんあるだろう。

亜酸化窒素のふたつめの重要な活動は、成層圏におけるそのふるまいにある。そこで分解した亜酸化窒素からつくられる産物のうち、酸化窒素はオゾンを破壊する触媒作用をもつことが知られている。今日の世界を脅かしている最悪の大破局は、超音速旅客機やエアスプレーによる成層圏オゾン層の破壊だとする多くの環境保護論者たちから見ると、これはゆゆしき事態だろう。実際、もし窒素酸化物が本当にオゾンを消衰させるのだとしたら、自然はもう長いことオゾン層の破壊に従事してきたことになる。オゾンがありすぎることは、オゾンが足りないのと同じくらいよくないことなのかもしれないのである。大気圏内の事象にはすべて、好ましい最適値というものがある。オゾン層は可能性として一五パーセント増大しうる。いろいろなことを考え合わせれば、オゾンがいまより多いのは気候的にマイナスだろう。太陽からの紫外線が有益な面をもっているのはたしかであり、オゾン層が厚くなればじゅうぶんな紫外線が地球の表面にとどく妨げになりかねない。人間についていうと、ビタミン

Dは皮膚が紫外線に触れることによって形成される。多すぎれば皮膚ガンになるし、少なすぎればほぼまちがいなくくる病だ。亜酸化窒素をつくる微生物たちから、種としてのわれわれ人類が特別世界的恩恵をうけることなど望むすじあいではないが、種によっては紫外線レベルが低いことにわれわれのまだ知らない価値を見いだしているものがないとはかぎらない。それを調節する手段があれば少なくとも役には立つとみていいが、亜酸化窒素といまひとつ最近発見された生物起源の大気ガス、塩化メチルはこの目的で使われているらしい。もしそうならば、ガイアの制御システムにはオゾン層を通過する紫外線が多すぎるか少なすぎるかを感知し、それに応じて亜酸化窒素の生産を調節する手段が含まれているにちがいない。

土壌と海中で大量につくられ、空中に放出されるもうひとつの窒素性ガスはアンモニアである。アンモニアは測定のむずかしいガスだが、その年間生産量は一〇〇〇メガトンをくだらないと概算されている。メタン同様、生命圏(バイオスフィア)はアンモニアという完全に生物起源のガスを産出するために莫大なエネルギーを使う。その機能は、ほぼまちがいなく環境の酸性をコントロールすることにある。窒素と硫黄の酸化によってつくられる酸の総量を計算にいれると、生命圏(バイオスフィア)の生産するアンモニアは雨のpH(ペーハー)を生命に最適な八近くに維持するのにちょうどよいことがわかる。アンモニアがなければ、雨のpHはどこでも三近くまで落ちてしまうだろうが、これはほとんど酢と同じ酸性度である。スカンジナビアと北アメリカの一部ではすでにこれが現実となっていて、植物の成長が著しく抑制されるといわれている。原因は、酸性雨の被害地や附近の人口過密地帯で燃やされる工業用および家庭用燃料にあるらしい。大部分の燃料は硫黄を含んでいるが、燃焼後かなりの量が硫酸として雨滴に運ばれ、風に乗って被害地に降りそそぐのである。

生命は酸性に耐えることもできる。われわれの胃袋の消化液はその証拠だが、酢と同じくらいの酸性といえば最適環境からはほど遠い。自然界のほとんどの場所でアンモニアと酸のバランスが保たれており、雨が酸性にもアルカリ性にも傾きすぎないのはじつに幸運なことだといえよう。もしこのバランスがガイアのサイバネティック制御システムによって能動的に維持されていると考えれば、アンモニア生産にかかるエネルギーコストは、光合成の総量からの差引き勘定になるだろう。

## 6——窒素ガスと微量ガス

他をひき離して大気中もっとも豊富な成分は窒素ガスで、われわれの呼吸する空気の七九パーセントをしめている。窒素ガスの分子を形成するふたつの窒素原子間の結合力は、化学で知られるもっとも強いもののうちにはいり、ほかのなにものとも反応しにくい。それが大気中に蓄積したのは、脱窒素バクテリアや生細胞のさまざまな活動によって放出されたためである。窒素ガスは雷などの非生命プロセスを通じて、ごくゆっくりとその自然な所在地である海へと帰ってゆく。

窒素の安定形態はガスでなく海中に溶けた硝酸イオンだということを知っている人は少ない。第三章で見たように、もし生命がいなくなったら、空気中の窒素の大部分はじょじょに酸素と結合して、硝酸塩のかたちで海へ戻ってゆくだろう。空気を平衡化学では予想もつかない多量の窒素ガスで満たしておくことは、生命圏（バイオスフィア）にとってどんな意味をもつのだろうか。可能性はいくつかある。まず第一に、気候の安定には現在の大気濃度が必要なのかもしれず、その場合窒素ガスは手ごろな加圧気体だといっていい。第二に、窒素ガスのような反応速度の緩慢な気体は酸素をうすめるのに最適で、またすでに述べたとおり、純粋酸素からなる大気は大惨事を招きかねない。第三に、すべての窒素が硝酸イオンとして海中にあったら、生命にふさわしい低塩度を保つという難問がいっそう手ごわいものになるだろう。次章でみるように、細胞膜はそれをとりまく環境の塩度レベルにきわめて敏感で、塩度が全体で〇・八モル（容量モル濃度）を越えると破壊されてしまう。その場合の塩度は塩化ナトリウムでも硝酸ナトリウムでも、あるいはその混合でもかまわない。もしすべての窒素が硝酸塩のかたちで海中に溶けていたら、モル濃度は〇・六から〇・八にあがるだろう。これによって海水の総イオン濃度は、現在知られているほとんどの生命形態とあいいれないレベルまで上昇してしまう。だめおしに、高濃度の硝酸塩は、海の塩度にたいする作用と別に、それ自体有毒なものである点をあげておこう。硝酸塩濃度の高い環境に適応するのは、ただ単に空気中に窒素をたくわえておくより困難でエネルギーを要するため、生命圏（バイオスフィア）は少しでも益のある後者をとったのにちがいない。右にあげたどれにしても、生物活動が窒素を海や陸から空中へ放った理由としてはじゅうぶんと思われる。

大気中の濃度が高いからといって、そのガスの重要性を示すことにならないのはもちろんである。たとえば、アンモニアは窒素の一億分の一の濃度しかないが、調節機能の点からすると重要度に変わりはない。事実、アンモニアの年間生産量は窒素のそれと並ぶが、アンモニアのほうがずっと回転がはやいだけである。空気中のガス濃度は生産率よりも反応率によって決まるのであって、希薄なガスほど生命のいとなみに大きなかかわりをもっている場合が多い。

大気ガス群の複雑な化学反応の解明は、現代化学における最大の収穫のひとつだった。たとえば今日では、水素や一酸化炭素のような微量ガスがメタンと酸素が反応するさいの中間産物であり、生みの親同様生物ガスと考えていいことがわかっている。オゾン、亜酸化窒素、二酸化窒素をはじめとする空気中の微量反応ガスの多くがこのカテゴリーにはいるし、化学者たちが遊離基と呼ぶごく短命な反応物質もこれに含まれる。このひとつに、メタンの酸化における最初の産物としてメチル基があげられる。年間約一〇億トンのメチル基が空気中を通過するが、その寿命が一秒にも満たないため、濃度は一立方センチの空気につき一個を越えない。ここでこれら反応基の複雑な化学に立ち入るつもりはないが、空気中のガスについてさらに知りたいむきには興味深い領域である。

いわゆる希(レア)ガス、あるいは貴(ノーブル)ガスと呼ばれる一連の気体は、名前に反してとりたてて希少(レア)でも、さほど高貴(ノーブル)でもない。一時期、それらのガスはいかなる化学薬品の攻撃にも動じないと考えられていた。言葉をかえれば、金やプラチナなどの貴金属と同じように、苛酷な薬品テストに耐えるとされていたのである。今日、それらのうちふたつ、クリプトンとキセノンは化合物をつくることが知られている。希ガス群のうちもっとも豊富なのはアルゴンだが、ヘリウム、ネオンと合わせると空気の一パーセント近くをしめ、とても希少とはいいがたい。無生物起源をもつことに疑いのないこれらの不活性ガスは、ちょうどまったいらな砂浜と同じく、無生命の背景を明確にし、そのうえに展開する生命をきわだたせるのに役立ってくれるものである。

炭化フッ素のような人工ガスは化学工業がおもな発生源で、工業文明以前は空気中に存在したことがなく、生命活動を如実に示すものである。外宇宙から地球を眺めた訪問者は、大気中にエアロゾル推進燃料を認めて、この惑星に生命が存在するばかりか、おそらく一種の知的生命も住んでいると確信するにちがいない。たえず自然からの自己疎外に悩むわれわれは、工業製品が「自然」なものではないと思いこみがちである。けれども、実際にはそれらも地球上の他のあらゆる化学物質と同じく自然であることに変わりはない。まちがいなく生き物であるわれわれ人間によってつくられたのだから。神経ガスのような侵略的で危険なものもあるのはたしかだが、それとてボツリヌス桿菌がつくる毒素よりひどいわけではない。

## 7——二酸化炭素と水蒸気

最後に、大気にとっても生命そのものにとっても欠かすことのできない成分が二酸化炭素と水蒸気である。このふたつが生命にとって重要であるのは基本的なことだが、それらが生物学的に調節されているという可能性を確認することはむずかしい。おおかたの地球化学者は、〇・〇三パーセントという大気中の二酸化炭素濃度が、短期的には海水との単純な反応で一定に保たれていることに同意している。専門的にいうと、二酸化炭素と水は、海水中の重炭酸とその陰イオンとの平衡状態にあるのである。

大気中にある量の二〇倍近い二酸化炭素が、海中にこのゆるやかなかたちで存在している。もしなんらかの理由で空気中の二酸化炭素濃度が落ちると、海洋中の膨大な備蓄から一部分が放出されて正常レベルが維持されるのである。現在のところ、化石燃料の消費が拡大しているために、大気中の二酸化炭素の量は増大しつつある。もし明日にでも石油や石炭を燃やすのをやめれば、大気中の二酸化炭素が正常レベルに戻るのに、おそらく三〇年とかかるまい。空気中のガスと海中の重炭酸の量の平衡が復活するからである。実際には、化石燃料の使用によって空気中の二酸化炭素は一二パーセントも増加した。大気圏におけるこの人為的変化の意味については第七章でふれることにしよう。

もしガイアが二酸化炭素をコントロールしているとすれば、それはおそらく平衡状態の達成をうながすような方法によるものであって、平衡をくつがえすような手段はとるまい。もういちどあの砂浜のたとえを用いるならば、それは砂の城を築くという目的をもってあたりをたいらにならすことに等しい。けれども、意図的な平衡状態と自然なそれとを区別することは容易でないため、どちらであるかの判断は情況証拠にたよるしかないかもしれない。

ユーリーが提唱したように、長い地質学的な時間尺度でみると、珪酸塩を含んだ岩石と海底や地殻中の炭酸塩を含んだ岩石とのあいだの平衡によって、二酸化炭素レベルを一定に保つための備蓄はさらに倍加する。状況がこれほどうまく統制されているのに、このうえガイアの出る幕があるのだろうか。確実に出る幕があると考えていいのは、生命圏（バイオスフィア）全体にとって平衡状態の回復が遅すぎた場合である。それはちょうど、ひとりの男がある春の朝、玄関のドアが雪に埋もれて仕事に行けなくなっていることを発見したのと似ている。時間がたてば溶けるのはわかっていても、自然のなりゆきにまかせている余裕はないので、シャベルですばやく除雪しなければならない。
二酸化炭素の場合にも、ガイアが自然な平衡状態の達成を悠長に待てないらしい形跡がたくさんある。ほとんどの生命体は、二酸化炭素と水との反応を促進する炭酸アンヒドラーゼという酵素を含んでいる。炭酸塩を含んだ海洋生物の殻はたえまのない雨となって海底にふりそそぎ、そこで最終的に白堊(チョーク)や石灰岩の岩床を形成して、海の上層に二酸化炭素のよどみができるのを防いでいる。さらに、A・E・リンウッド博士によれば、ありとあらゆる生命体が休むことなく土壌や岩石を細砕しつづけるおかげで、二酸化炭素と水と炭酸塩を含んだ岩石との反応に拍車がかかるという。

生命による干渉がなかったら、空気中の二酸化炭素が危険な濃度にまで蓄積してゆく可能性もあるだろう。「温室」ガスとしての二酸化炭素は、水蒸気とともに現在の大気中で、このふたつがない場合よりも何十度も高い温度を保つはたらきをしている。もし化石燃料の燃焼によって、無生物的な平衡力ではまにあわないほど急速に二酸化炭素濃度が上がったならば、オーバーヒートの脅威は現実のものとなりかねない。しかしさいわいなことに、この温室ガスは生命圏(バイオスフィア)と強い相互作用をおよぼしあっている。二酸化炭素は光合成に使われる炭素の供給源であるばかりでなく、多くの従属栄養生物(光合成をおこなわない生物)によって大気から吸収され、有機物に変換される。動物たちでさえ少量の二酸化炭素を取りこむし、ほとんどすべての生物がおこなう呼吸によって空気中に排出されることはいうまでもない。実際のところ、あるガスの大気中濃度が無生物的な平衡プロセス、あるいは安定状態プロセスによって決定されるとみられればみられるほど、そこに生物がからんでいる度合は大きいかもしれないのである。生命圏（バイオスフィア）が環境を積極的にコントロールし、つねに既存の諸条件を自分に有利な方向へ変化させる方針をもっているという考え方からすれば、このことは驚くにあたらない。

酸化水素、またの名を水と呼ばれるあの不思議で多芸な化合物にたいする生物のかかわりは、パターンとしては二酸化炭素の場合と似たようなものだが、より基本的だといっていい。海洋から大気をへて陸地にふりそそぐ水の循環は、太陽エネルギーをおもな原動力としているが、生命はそこにも蒸散作用を通じて参加しつづけている。太陽光線は海から水を蒸留して陸地に雨をふらせるかもしれないが、地球の表面で水を分解して酸素をつくり、複雑な化合物や構造体を合成するさまざまな反応をひき起こすことまではしてくれない。

地球は水の惑星である。水なくして生命はありえなかっただろうし、生命はいまなおそのかたよりのない寛容性にたよりきっている。水は究極的な参照基準だといえる。平衡状態からのあらゆる離脱は、水という参照レベルからの離脱と考えていい。酸性アルカリ性、酸化還元ポテンシャルといった諸特性は、水の中性との関連においてはかられる。人間は平均海面を基準に高度や深度を測定する。

二酸化炭素同様、水蒸気は温室ガスの性質をもち、生命圏（バイオスフィア）と強い相互作用をおよぼしあう。もし生命がみずからの必要に合わせて大気環境を積極的にコントロールしているという主張をうけいれるならば、生命と水蒸気との関係から導かれる結論として、さまざまな生物学的サイクルと無生物的平衡との矛盾は、現実であるという以上に明らかなガイア実在のしるしだということがいえるだろう。

# 第六章▼海

「海はなぜ塩からいか」という問いは意味がなくなってくる。
大陸からの流入と海底湧出で、現在の海洋塩分レベルは
じゅうぶん説明がつくからである。
それより重要なのは、「海はなぜもっと塩からくないのか」
という問いだろう。
ガイアの片鱗をとらえて、私ならこう答える。
「それは生命が発生して以来、海洋の塩分が
生物学的コントロールをうけてきたからである。」

## 1——〈水球〉としてのガイア

ＳＦ作家のアーサー・クラークはこんな感想を述べている。「この惑星を〈地球〉と呼ぶのはなんと不似合なことだろう。誰の目にも〈水球〉であるのは明らかなのに——。」地球の表面のほぼ四分の三近くが海におおわれている。宇宙空間から撮ったすばらしい写真を見ると、われわれの惑星が、ところどころにやわらかな雲をまとわりつかせ、白銀の極冠をかぶったサファイアブルーの球体に写っているのはそのためである。わが母星の美しさは、豊かな水の衣をもたない生命なき隣人たち、火星や金星のしずんだ単調さと好対照をなしている。

海洋という広大な紺碧のひろがりは、外空間からの見物人を眩惑するだけのものではない。海洋は、太陽の輻射エネルギーを風と水の動きに変える全地球的な蒸気機関の重要部分をなしている。風や水はさらに、そのエネルギーを世界の全域に分配する。海洋は全体として、われわれが呼吸する空気の成分を調節し、全生命体の約半数をしめる海洋生物に安定した環境を提供するさまざまな水溶性ガスの備蓄場所になっている。

海洋がどのように形成されたかはまだよくわかっていない。それは生命がはじまる以前の遠い過去のことであり、手がかりとなるような地質学的資料はほとんど残されていない。初期の海洋形態についてはこれまでに多くの仮説が立てられており、なかには地球がかつて完全に海におおわれていて、陸地もなければ浅瀬すらなかったという説もある。陸地や大陸はあとになってあらわれたというのだ。もし万が一この仮説が立証されたら、生命の起源に関する諸説も改訂をせまられることになるだろう。けれども、いまのところ一般的には、海洋が地球内部から派生したのは、地球が惑星として安定し、原始の大気や海から各種のガスと水を蒸留できるだけの温度に暖まってしばらくのちのことだとされている。

生命がはじまる以前の地球の歴史がわかっても、われわれのガイア探求に直接役立つことはない。もっと関連性があって興味ぶかいのは、生命発生以来の海洋の物理的化学的安定である。過去三イオン半にわたって、大陸が形成されて地球上を漂い、極地の氷が溶けては再凍結し、海面が上下動をくりかえすあいだ、こうした変動にもかかわらず水の総体積は一定していたというデータがある。ときたま一万メートルなどという深い海溝はあるが、現在海洋の平均深度は三二〇〇メートルとなっている。水の総体積は約一二億立方キロメートル、重量は一三〇京トンである。

これらの数字は大きなものばかりで、基準がないとよくわからない。海洋の重さは大気の二五〇倍あるが、それでも地球の全重量とくらべると四〇〇〇分の一にすぎない。もし直径三〇センチの地球の模型をつくると、海の平均深度はこの字が印刷してある紙より少し厚いていど、いちばん深い海溝で三分の一ミリへこむだけだろう。

海を研究する学問である海洋学は、ふつうほぼ百年前、探査船チャレンジャー号の周遊とともにはじまったとされている。この船は、世界の全海洋に関するはじめての体系的観測をおこなった。それには海の物理、化学、生物学の観察が含まれる。この前途洋々たるマルチディシプリナリー(多分野を包括すること)な出発にもかかわらず、それ以来海洋学は多くのサブ科学に分裂してしまった。海洋生物学、海洋化学、海洋物理学をはじめたくさんの混成テーマがあって、それらはその分野をわがものと守る大学教授の数だけあるといってもいい。にもかかわらず、海洋学はどちらかといえば陽のあたらない学問だった。重要な仕事の大部分は第二次大戦以後になされたが、これは新しい食糧源、燃料資源、そして一般には戦略上の地歩を求める国際競争によって拍車がかかったためである。しかし、最近になって、海を不可分のものとしてあつかうチャレンジャー号のスピリットに帰ろうとする動きも少しずつひろがりをみせている。海洋の物理、化学、そして生物学はもういちど、巨大な全地球的プロセスを織りなす相互依存部分として見なおされつつあるのである。

## 2——海はなぜ塩からいのか

海洋にガイアを探るにあたって、手ごろな出発点は海がなぜ塩からいかと問うことだろう。その答えとして、かつては次のような説が堂々とまかりとおっていた(いまでも一般の教科書や百科事典の多くがこれを採用している)。いわく、海が塩からくなったのは、雨と川の流れがたえず少量の塩を陸から海へ運びこんだためである。海面の水は蒸発し、のちに雨となって陸地にふりそそぐが、非揮発性物質である塩はつねに残留して海中に蓄積してゆく。こうして、海は時間とともに塩分を増していったのである。

この解答はたしかに、われわれ自身を含めた生き物の体液中塩分が海洋の塩分より低いこととの旧来の説明とうまく符合する。現在、海水の塩分は約三・四パーセント、われわれ血液の塩分はほぼ〇・八パーセントである。そこで説明は次のようになる。生命がはじまったとき、海洋生物の体液は海と平衡状態にあった。つまり、有機体の体液中塩分とそれをとりまく環境の塩分とはきっかり同じだった。ところが、のちに生命が進化の飛躍的一歩をしるし、海から陸へ植民移住者を送ったとき、海の塩分はそのまま増加しつづけたのにもかかわらず、陸上生物の体内塩分は当時のレベルでいわば化石化したかたちになった。今日、有機体の体液と海の塩分にこれだけの差があるのはそのためである。

もしこの塩分蓄積理論が正しければ、それによって海洋の年齢を計算できるはずである。現時点における海洋の総塩分含有量は簡単に推定できるし、雨と川によって毎年海へ流れこむ塩の量がいつの時代にもそう変わらないものと考えれば、答えは単純な割り算ででてくる。海へ流入する塩の量は年間約五四〇メガトン、海水の総体積は一二億立方キロメートル、海水の平均塩分は三・四パーセントである。だとすれば、現在の塩分レベルに達するのにかかった時間は八千万年となり、それが海洋の年齢にちがいない。ところが、この答えは全古生物学とまっこうから対立してしまう。もういちど最初から出なおしである。

フェレン・マッキンタイヤーは最近、大陸からの流入が海の唯一の塩分源でないことを指摘した。彼は、海が塩からいのは海底のどこかに永遠にまわりつづける塩のひき臼(うす)があるからだという古いノルウェー神話をひきあいに出している(日本の昔話にもまったく同じものがあることを知れば、著者は狂喜するであろう——訳者)。ノルウェー人のいっていたことはあながち見当はずれでもなかった。というのも、今日では、高熱の地球内部からときどき可塑性のやわらかい岩が海底を押し破って噴出し、しだいにひろがってゆくことが知られているからである。大陸移動の原因でもあるこの現象は、同時に海中の塩分を増加させる。これを出所とする塩分を陸から洗い流されてくる塩分に加えて計算しなおすと、海洋の年齢は六千万年となる。一七世紀アイルランドのプロテスタント聖職者、アッシャー大司教は、旧約聖書の年代記から地球の年齢を算定した。それによると天地創造は紀元前四〇〇四年になる。彼はまちがっていたが、真の時間尺度から見ると、彼の計算も海洋の年齢を六千万年と見積ることもあまり大差はない。

生命が海で起こったことはほぼまちがいないと思われ、地質学者たちはおそらくバクテリアらしき単純な生命体の存在を、およそ三イオン半前にさかのぼって実証している。海洋の年齢もそのくらいはあるにちがいない。この数字は放射線測定による地球の年齢ともうまく合う。地球が形成されたのは約四イオン半前、つまり四五億年前である。地質学的データもまた、海洋が出現し、生命が開始して以来、海の塩分が実際のところそう変わっていないことを示している。これではどう見ても、現在の海水とわれわれの血液の塩分にひらきがあることとの説明はつきそうもない。

この手の矛盾からして、海がなぜ塩からいかという問題は再考をせまられる。大陸からの流入(雨と河川による)、および海底からの湧出(「塩のひき臼」)による塩分増加率はほぼ確定しているのに、塩分レベルは塩分蓄積理論が示すような増加をまるで見せていないのである。こうなると、可能な唯一の結論としてどこかに塩の消滅する暗渠(シンク)があって、増加するのと同じ率で海洋から消えていっていると考えるしかない。この暗渠(シンク)の性質やここから流出した塩がどうなるかを推測する前に、海の物理、化学、生物学のいくつかの側面を検討してみる必要があるだろう。

## 3——生きた細胞と塩分

海水というのは、生きた有機体やその死骸、溶解したり浮遊したりした無機化合物の混ざりあった、複雑だが希薄なスープである。溶解成分のおもなものは無機塩類である。化学用語で「塩」とは化合物の一部類をあらわすが、塩化ナトリウム、つまりふつうの塩はその一例にすぎない。海水の組成は地球上の各地で異なるし、海面下の深度によってもちがってくる。総塩分という点で大きな変動はないが、これは海洋活動を詳細に分析するさいには非常に重要なポイントとなる。けれども、塩分コントロールの一般的メカニズムを論じようという本章の目的では、こうした変動は無視していいだろう。

平均的な海水サンプルはキログラム重あたり三・四パーセントの無機塩類を含み、そのうちの九〇パーセントが塩化ナトリウムである。ただし、これは科学的には厳密な表現ではない。無機塩類は水に溶けると、対立電荷をもった原子大の粒子に分解するからである。これらの粒子はイオンと呼ばれている。つまり、塩化ナトリウムは正のナトリウムイオン一個と負の塩素イオン一個とに分かれるのである。溶液中で、これら二種類のイオンは周囲の水分子中をかなり自由に漂いまわる。ふつう対立した電荷はひきつけ合い、イオン対どうしでとどまるものだから、これは意外かもしれない。そのわけは、水が対立電荷を帯びたイオン間の電磁力を大幅に弱める特性をもっているからである。たとえば、塩化ナトリウムと硫酸マグネシウムのような二種類の溶液が混ぜ合わされた場合、混合溶液の組成については、そこにナトリウム、マグネシウム、塩素、硫黄の四イオンが混在しているということしかわからない。条件さえととのえば、もとの塩化ナトリウムと硫酸マグネシウムよりも、硫酸ナトリウムと塩化マグネシウムのほうが取りだしやすいほどである。

つまり、厳密にいえば海水が塩化ナトリウムを含むというのはまちがいで、塩化ナトリウムを構成する各イオンを含んでいるのである。海水はまたマグネシウムと硫黄のイオンや、もっと少量ながらカルシウム、重炭酸、リンなど海中で起こるさまざまな生命プロセスに欠かすことのできないイオン成分をも含んでいる。

一般にはあまりよく知られていないが、生きた細胞内の細胞液、あるいは外部環境の塩度がほんの数秒間でも六パーセントを越えると、ほとんど例外なく死につながる。この限界をうわまわる塩だまりや塩湖で生きられる生物もいることはいるが、沸騰するお湯のなかで生きのびられる微生物と同じくらい例外的で奇怪なものである。そうした生物が特殊環境に適応できるのは、生物界のそれ以外の部分が酸素や食物をふさわしいかたちに変換し、塩だまりや温泉まで確実に運んでくれるおかげである。こうした助けがなければ、いくら致命的といっていい生息条件に適応できる不思議な生き物でも、生存は危ういだろう。

たとえば豊年エビだが、潜水艦の船体ぐらい耐水性の高い、驚くべき厚さの殻をつけている。これによって、非常に塩分の高い塩水中で、われわれと同じ約一パーセントという体内塩分を維持することができるのである。これだけ厚い殻の保護がなかったら、塩分の低い体液が塩だまりのそれより高い塩分を薄めようとして滲出し、数秒のうちに干エビができあがってしまうだろう。

水が塩度の低い溶液から高い溶液へ移動するこのような性質を、物理化学では〈浸透〉と呼んでいる。浸透は、塩濃度の低い溶液（溶けているのは塩＝塩化ナトリウムでなくてもいい）と濃度の高い溶液とが、水は通すが塩を通さない膜で隔てられている場合に起こる。水は濃度の低い溶液から濃度の高い溶液へ流れて、両方の濃度を等しくしようとする。ほかの条件が同じなら、このプロセスはふたつの溶液が平衡に達するまでつづくわけである。

この流れは物理的な力で止めることができる。浸透圧と呼ばれるこの対抗力は、溶剤の特性やふたつの溶液間の濃度差によって左右されるが、あながち馬鹿にできない大きさである。もし豊年エビの外皮が水を通すと仮定すれば、豊年エビが干からびないように内側からかけなければならない圧力は、一平方センチメートルあたり一五〇キログラム、つまり一マイルの高さの水柱の圧力に等しい。逆にいえば、もし豊年エビが体内で必要とする水を塩湖から取り入れなければならないとしたら、濃度の高い溶液から低い溶液へ水流を起こさねばならないわけで、体内に一マイルの井戸から水を吸い上げられるポンプをそなえなくてはいけないことになる。

つまり、浸透圧とは体内塩度と体外塩度の差によってひき起こされるものだといえる。両溶液が臨界濃度の六パーセント以下であれば、ほとんどの生物が技術的問題はわりあい簡単に解決できる。重要なのは絶対濃度そのもので、体内あるいは体外の塩度が六パーセントを越えると、生細胞は文字通りバラバラに分解してしまうのである。

生命プロセスというのは、だいたいのところ巨大分子間の相互作用からなりたっているといってい い。正確なプログラム・シークェンスにそって、たとえばふたつの大分子が接近し、適確に位置関係をさだめ、しばらくそのままの態勢で物質交換をおこない、そしてまた別れてゆくといったようなことがふつうである。適確な位置設定は、各巨大分子のさまざまな部位にかかった電荷のなせるわざで、一方の分子の正荷電部分は、もう一方の分子の負荷電部分とぴったりむかいあう。各種の生命システムが、水中でさかんにこうした相互作用をおこなうが、溶解イオンの存在によって巨大分子間の自然な電気的引力は緩和され、接近と配置にさいしての慎重度、精度は高まる。

実際には、プラスイオンが巨大分子のマイナス部分のまわりに集まり、マイナスイオンがプラス部分のまわりに集まる。これらイオン群は一種のふるいとなって取りかこんだ部分の電荷をいくぶん中和し、結果的に巨大分子どうしの引力を弱めるのである。塩分濃度が高ければ高いほどイオンのふるい効果は強まり、引力のほうは弱まる。もし濃度が高すぎると、巨大分子間の相互作用は停止しかねず、細胞のその部分は機能障害をきたすだろう。反対にもし塩分濃度が低すぎると、隣あった巨大分子間の引力は抗しがたいほどになり、分子どうしをひき離すことができなくなって、秩序ある反応シークェンスは別種の混乱におちいってしまう。

細胞膜をつくっている物質は、こうした巨大分子反応にかかわっているのと似通った電気力によって保持されている。この封鎖被膜が、細胞内各部の塩分を許容限度内におさえているのである。シャボン玉と大差ないきゃしゃなものでありながら、細胞膜は細胞内成分の漏出にたいして、水にたいする船体の、あるいは外気にたいする飛行機の胴体ほどの封入力をもっている。ただし、生細胞の防水機構には、船体の場合とはかなりちがった方法がとられている。後者は物理的かつ静的にはたらくが、細胞膜は生化学プロセスを能動的に、ダイナミックに使って同じ効果を生むのである。

あらゆる生細胞をおおう薄い被膜は、細胞の必要に応じて、選択的に内側と外側のイオン交換をする〈イオンポンプ〉をそなえている。このはたらきに必要な細胞膜の柔軟性と強度は、電気力によって保証される。もし細胞膜のどちらかの側で塩分濃度が臨界点の六パーセントを越えると、細胞膜を保持している電荷のまわりに集まった塩のイオンのふるい効果が強まりすぎて張力が失われ、細胞膜は崩壊して、細胞はバラバラに分解してしまう。塩だまりに棲む好塩性バクテリアのごく特殊な細胞膜をのぞいて、あらゆる生物の膜はこの塩分限界に規制される。

### 4――海はなぜもっと塩からくないのか

ここまでくれば、電気力への依存度の大きい生命体というものが、なぜ環境の塩分が安全限度内、とくに臨界上限の六パーセント以内でないと生きのびられないか納得できるだろう。これがわかると、最初の「海はなぜ塩からいか」という問いは意味がなくなってくる。大陸からの流入と海底湧出で、現在の海洋塩分レベルはじゅうぶん説明がつくからである。それより重要なのは、「海はなぜもっと塩からくないのか」という問いだろう。ガイアの片鱗をとらえて、私ならこう答える。「それは生命が発生して以来、海洋の塩分が生物学的コントロールをうけてきたからである」、と。つぎの問いはもちろん、「それならばどうやって」、であろう。いよいよ問題の核心にせまってきた。というのも、われわれが本当につきとめなければならないのは、海にどうやって塩分が加わるかではなく、どうやって塩分がとりのぞかれるか、だからである。われわれはまたあの暗渠（シンク）のところに戻って、塩分除去プロセスを探し求めることになった。もしガイアの介入に確信がもてるならば、このプロセスはなんらかのかたちで海の生物学と結びついているにちがいない。

もういちど設問をしなおしてみよう。海水の塩分が、過去何百億年とまではいかずとも過去何十億年のあいだほとんど変化していないことは、直接間接の証拠によってほぼ確実だとされている。この膨大な年月にわたって海中に生息した生物たちが耐えた塩分レベルを調べると、塩分が今日の三・四パーセントと比較してどんなに高くとも六パーセントは越えたはずのないこと、またたとえ四パーセントまで上昇したとしても、海洋生命がいま化石として記録されているのとはかなりちがった進化の道すじを歩んだであろうことがわかる。なおかつ、雨や河川によって陸地から海へ流れこむ塩の量は、八千万年ごとに現在の海洋塩分総量に等しくなるのである。もしこのプロセスが、はじまってからなんの制約もうけずに続行していたら、いまごろどの海もみな死海のように塩分が飽和して、生命を育むにはふさわしくない環境になっていただろう。

だとすれば、なにか塩分が加わるのと同じ速度で塩分を除去する手段がなければならないことになる。そのような方策の必要性は早くから海洋学者たちの指摘するところで、いくつか仮説もでている。それらの理論はみな本質的に無機的メカニズムに依拠しており、どれもまだ一般的にはうけいれられていない。ブロエッカーは、ナトリウム塩やマグネシウム塩が海から回収されてゆくさまは、海洋化学の大いなる神秘のひとつだと述懐している。実際には、問題はふたつに分けられる。というのも、水性溶液中ではプラスイオンとマイナスイオンが独立して存在するために、プラスのナトリウムイオンおよびマグネシウムイオンと、マイナスの塩素イオンおよび硫酸イオンとを別個にとり扱わなければならないからである。さらに複雑なことに、大陸からの流入量は、塩素および硫酸イオンよりもナトリウムとマグネシウムイオンのほうが多いので、電気的安定を保つには、余剰のナトリウムイオンとマグネシウムイオンが帯びる正電荷を、負電荷をもつアルミニウムとシリコンのイオンで中和しなければならない。

ブロエッカーの仮説によると、ナトリウムとマグネシウムは、たえまなく、海底にふりそそぐ沈澱物の雨に含まれて降下し、堆積物の一部となるか、さもなければ、なんらかのかたちで海底の鉱物と結合して海水中から除去されるのではないかという。しかし残念ながら、現在までどちらの可能性を実証するデータもあがっていない。

負電荷をもつ塩素および硫酸イオンの処理に関しては、まったく別な説明が必要とされる。ブロエッカーは、水の蒸発が、たとえばペルシア湾のような孤立した海域において、雨や河川による流入よりもはやいことを指摘する。もしそのまま蒸発がつづけば、塩は膨大な堆積をなして結晶し、最終的に自然の地質学的運動によって圧搾され、埋蔵されてゆく。こうした塩の大鉱床は、世界中いたるところで地下に、あるいは大陸棚の下に、また地表にも見られるものである。

このようなプロセスは何億年という時間尺度で起こるもので、ひとつの重要な点をのぞいて塩分記録とも符合する。その点とは、もし孤立した海域の形成や、塩の鉱床を地下に埋める地殻変動などを百パーセント無機的現象だと仮定するならば、それが時間的空間的にまったく無作為に起こることも認めなければならないということである。海洋の平均塩分が許容限度内にとどまったことの説明はそれでつくかもしれないが、そうした制御プロセスの無作為性からして、大規模で致命的な変動は避けがたかったにちがいない。

## 5——ガイアの塩分コントロール

いよいよ、海に満ちあふれた生命体の存在が出来事のコースを修正し、いまなおこの難問解決にあたっているのではないかと自問すべきときである。そこでまず、惑星規模でそんな芸当をやってのけられるメカニズムがあるとしたら、その構成生物はどんなものが考えられるか見わたしてみることにしよう。

世界の生命体の約半数は海にいる、陸上生命は重力によって地上につなぎとめられ、ほとんど二次元的にしか存在していない。それにたいして、海洋生物はほぼ海そのものと同じ密度に達しており、その餌場も三次元である。太陽エネルギーをとらえ、光合成として知られるプロセスによってそれを食物に変換して、海洋全体のエネルギー源となる原始的な生命形態は、自由に浮遊する単細胞生物だが、これは地面にしばりつけられた陸上の植物と好対照をなしている。海に樹木は見あたらないし、必要でもない。また草食動物はおらず、クジラのように、クリルという小エビに似た小動物を無数にのみこむ大型の肉食動物がいるだけである。

海中の生命の鎖は、生物学者が植物プランクトンと呼ぶ、数えきれない浮遊性の単細胞微小植物群（ミクロフローラ）という一次生産者ではじまる。植物プランクトンは、動物プランクトンとして知られる微小動物の餌となり、動物プランクトンはもっと大きな生き物の食物となって、この肉食連鎖はどこまでもサイズと希少度を加えてゆく。こうして海は、陸とちがって、藻類や原生動物を含んだ微小な単細胞原生生物の量的支配のもとにおかれているのである。ただし、これらは日光のあたる海洋の表層百メートルぐらいにしか生息できない。とくに注目にあたいするのは、しばしば浮き袋と食糧庫を兼ねる油滴をいれた炭酸カルシウムの殻をもつ、鱗鞭毛虫類と、シリカでできた甲殻をもつ珪藻植物群であろう。これらをはじめとする多くの生物が集まって、真光層と呼ばれる複雑で多様な植物相をなしている。海洋における珪藻類の役割は、もう少しくわしく調べてみる価値がある。珪藻類およびその親せき筋にあたる放散虫類は、海洋生物のなかでもとくに美しい。骨格は蛋白石(オパール)でできており、複雑で、どれも例外なく絶妙なデザインがほどこされている。蛋白石(オパール)というのは一般にシリカとして知られる二酸化ケイ素が宝石状になったもので、砂や石英の主成分である。ケイ素は地殻中にもっとも多く見られる元素であり、粘土から玄武岩までほとんどの岩石がケイ素の化合物を含んでいる。ふつう生物学では重要視されないが――われわれの体内にも、われわれの食物のどれにもケイ素はほんの少ししか含まれていない――海洋生命においては主要元素である。

ブロエッカーの発見によると、陸から海に流入するケイ素を含んだ鉱物のうち、表層の水中に残るのは一パーセント以下にすぎない。いっぽう、内陸の死んだ塩湖に見られるケイ素と塩の比率は海中よりもずっと高い。これは無生物環境という化学的平衡に近い条件を考えれば当然かもしれない。海中でケイ素を吸収して繁殖する珪藻類が、塩の飽和した湖にいないのはもちろんのことだが、その短命な生涯は海面に近いところでおくられる。死んだ珪藻類の蛋白石(オパール)骨格は海底に沈澱して、年間約三億トンのシリカが堆積岩の材料として供される。こうして、これら微小生物のライフサイクルが海面におけるケイ素欠乏をひきおこし、ケイ素の化学的平衡をさかんに乱しているのである。

シリカの使用と処分にあずかるこの生物学的プロセスは、海中のシリカ濃度をコントロールする効率のよいメカニズムをみることができる。たとえば、もし大量のシリカが河川から海に流れこんだ場

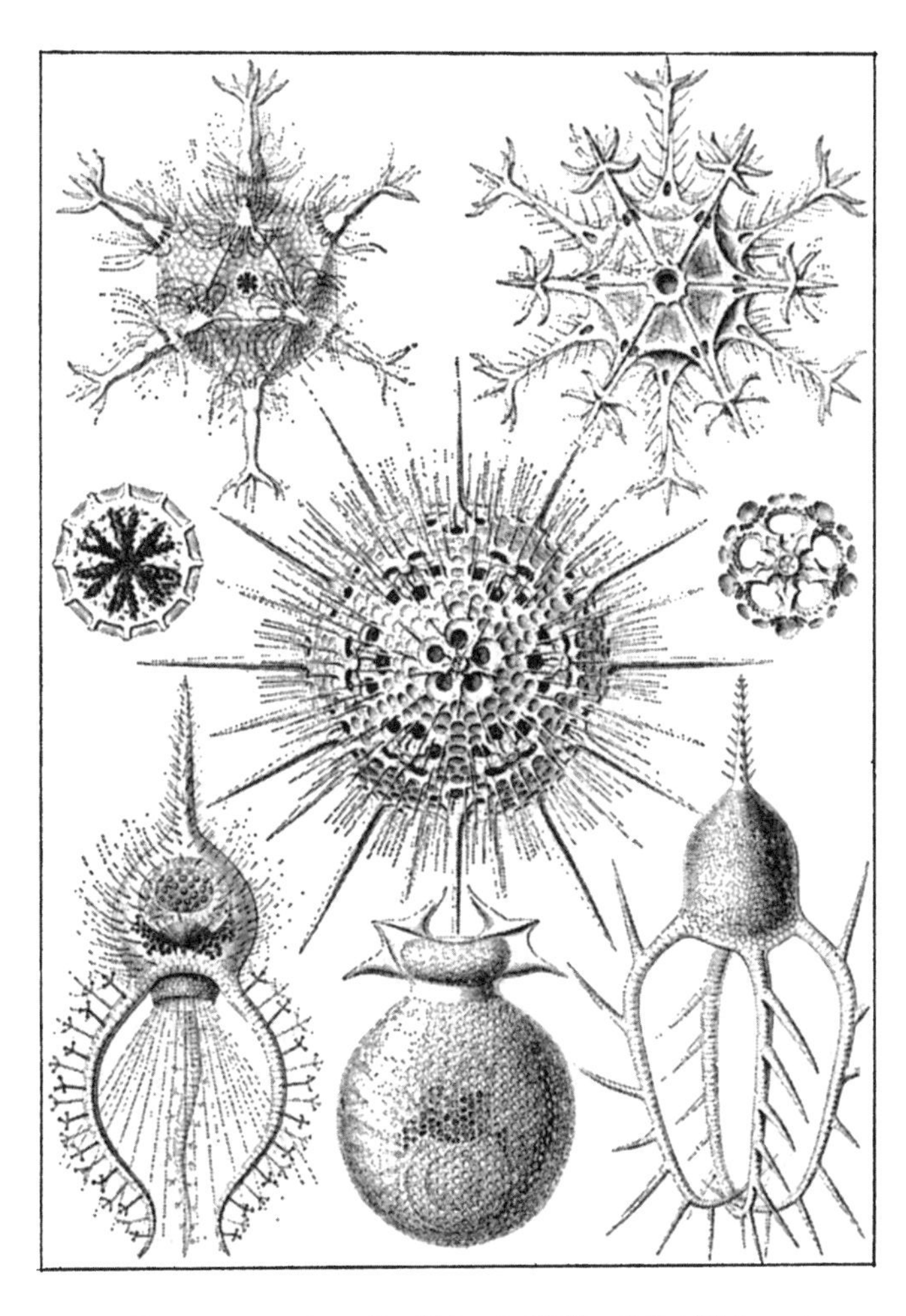

図7　チャレンジャー号の探査による深海の放散虫類。(ヘッケル『創造の歴史』第2巻より)

合、珪藻類の個体数が増加して（硝酸塩や硫酸塩の養分もじゅうぶん供給されたとする）、海水に溶けたシリカの濃度を低下させるのである。反対に、もしシリカ濃度が正常値を割ると、珪藻類の個体数は表層海水中のシリカ成分が回復するまで減少してゆくが、この現象が実際に起こることはよく知られている。

ここで、このシリカ調節のメカニズムが、海水の組成、なかでも、塩分を調整するガイアの共通パターンにそっているかどうかを問題にしてみよう。海水の塩分調節が純粋に無機的機構だとするブロエッカーの説には問題が内在しているが、生命は前述したような介入のしかたでそれを解決するのだろうか。

惑星工学的観点からみると、珪藻類および円石藻のライフサイクルの重要性は、それらが死んだときに柔組織は溶解し、複雑な骨格や甲殻は海底へ沈んでゆくということにある。海洋学者たちが「殻」と俗称するこれらの構造体は、持ち主が死んでも生きているときと同じくらい美しいものだが、何イオンものあいだ海底に雨となってふりそそぎ、白堊（チョーク）や石灰（円石藻から）、そして珪酸塩（珪藻類から）の大鉱床を形成した。有機体の死骸からなるこの豪雨は、葬列というよりは、海洋表層の生産区域から海底や大陸の下の倉庫区へ部品を運ぶために、ガイアがつくりあげたベルトコンベアといったほうがいい。有機物の一部は無機質の骨格に付着して下まで沈み、最終的に埋蔵化石燃料や硫化物鉱石に変成したり、遊離硫黄になってしまったりする。このプロセスは全体として、作りつけ（ビルトイン）でしかも柔軟性のある制御システムという利点をもっているが、これは環境の変化にたいする生命体の適応性と、みずからの生存に都合のいい諸条件を復元したり、それに順応したりする能力とにもとづくものである。

さて、塩分調節にガイアがどんな工夫を用いているか、いくつかの可能性をあげてみよう。いまだ推測の域を出ないものの、これらの考えは、さらにくわしい理論的実験的研究の基礎となるにじゅうぶんではなかろうか。

まず、海洋のベルトコンベアを加速する方法がひとつある。ブロエッカーの示唆するように、ふつうの雨が大気中のほこりの粒子をとらえるのと同様、動植物の残骸が雨となって海底にふりそそぐさいに、塩をとらえて堆積物のなかに搬入することが考えられる。甲殻をもった海洋原生生物のなかには、特別塩分に敏感で、塩分レベルが通常よりわずかに上昇しただけで死んでしまうものがいるかもしれない。その殻が沈下するのといっしょに塩を海底に運んでいけば、海水表層の塩分レベルはうまく減少するだろう。ただし、このプロセスによって海洋から一時差押えられる塩の量は、これをただちにいま模索中の塩分暗渠（シンク）とするには小さすぎる。けれども、あとのほうでみるとおり、「殻」の沈澱率と塩分レベルの関連性は、海の塩分を調節するしくみの一部でありうるのである。

塩化物および硫化物の除去に関するブロエッカーの仮説から、もうひとつまったくちがった可能性がひきだせる。彼は、浅い入江や陸に囲まれた潟、孤立した海域などにおける蒸発速度がはやく、海水の流入が一方通行であることが、蒸発残留岩のかたちをとった塩の蓄積をひきおこすという。ここで、潟が、海中に生命が存在する結果として形成されたものだという大胆な推測をしてみよう。もしこのプロセスが恒常状態に達したならば、完全に無作為な無機質の力によって蒸発残留岩が形成され、それが安定した塩分除去システムの基礎になっているというブロエッカー説は問題なく解決されたことになる。

熱帯の海を何千平方マイルも封じこむ囲いをつくることは、人間わざのおよばない土木工学上の難題と思われるかもしれない。が、どんな人工構造物よりはるかに大きいのがサンゴ礁であり、時代をさかのぼってもっと重要だったのがストロマトライトであった。これらはガイア規模の建造物で、高さは数マイル、全長何千マイルにおよぶ外壁を擁し、さまざまな生命体の協同で建設されている。オーストラリアの北東岸に位置するグレートバリアリーフが、一部完成した蒸発用礁湖だということはありうるだろうか。

たとえガイア的な重要性はなかったとしても、単純な生き物の何イオンにもわたる協同作業がなしうるこうした例をみると、ほかの可能性を探る勇気がわいてくるというものである。すでに、大気の世界的な変化が生物によるものだということは論じた。それならば、火山活動や大陸移動はどうだろう。両方とも惑星内部の運動によってひき起こされるものだが、これにガイアがからんでいる可能性はあるだろうか。もしそうだとしたら、前述の海底塩分湧出や沈積物運搬とは別に、潟の形成にもひと役かっているのではなかろうか。

この手の推測は、けっして見かけほどとっぴなものではない。海洋学者たちはすでに、海底火山が生物学的活動の最終結果ではないかとにらんでいる。その関係はごく明瞭である。海底にふりそそぐ沈澱物の大半はほとんど純粋なシリカである。やがて、堆積した沈澱物の重みに耐えきれず、海底の薄い塑性岩にへこみができ、そのくぼみにさらに沈澱物の重みがかかってゆく。その間、地球内部からの熱伝導は、どんどんと厚味をますこのシリカの毛布によって妨げられるが、これはシリカの開放構造がちょうど純毛の毛布に似た断熱作用をもっているからである。沈積物におおわれた部分の温度は上昇し、その下にある岩はいっそう柔らかくなってゆく。岩層はひずみ、できたへこみにまたいちだんと沈澱物が堆積して、温度はさらに上昇する。つまり正のフィードバックである。最後にはすさまじい高熱に海底の岩が溶けて、溶岩が噴出する。火山性の島々はこうしてできると考えられるが、おそらく、ときには潟もこのように形成されるのだろう。いっぽう海岸ぞいの浅い水域では、大量の炭酸カルシウムが沈積してゆく。ときによって、これはふたたび白堊や石灰岩として地表に出現することもあるし、海底下の熱い岩石に混入して、岩を溶かす溶剤としてはたらき、火山の形成にひと役からこともある。

海に生命がなかったら、こうした連鎖的現象を起こすのに必要な沈澱物が、しかるべき場所に落着することもなかったかもしれない。死んだ惑星にも火山はあるが、火星の大火山ニクス・オリンパスから判断するかぎり、地球の火山とは似ても似つかないものである。もしガイアが海底に変更を加えたのだとしたら、それは自然のなりゆきに乗じて、自分に有利な条件をととのえるという方法によるものだろう。ただ、こういったからといって、すべての、もしくは大部分の火山が生命活動の産物だと主張するつもりはもちろんない。生物相（バイオータ）の集合的要求が、噴火の傾向に拍車をかける可能性を考慮すべきだといっているだけである。

大きな地殻変動が、生命圏（バイオスフィア）の意向によって左右されているという考えが常識とあいいれないと思うならば、人造ダムができたために周辺の重量分配が変わり、地震をひき起こした例があるのを思い出してみるといい。海底沈澱物やサンゴ礁という巨塊の影響力は、とうていダムの比ではない。

塩分とその調節に関するここまでの議論は、不完全であると同時に非常に概括的なものである。海域による塩分の変化についても、いまだにその関係が海洋学者たちの謎であるリンイオンと硝酸イオンという海水の主要成分についてもなにひとつ触れていない。また、海底にひろく分布し、生物学的な起源をもつことに疑いのないマンガン団塊についても、海流その他の循環システムについてもまっ

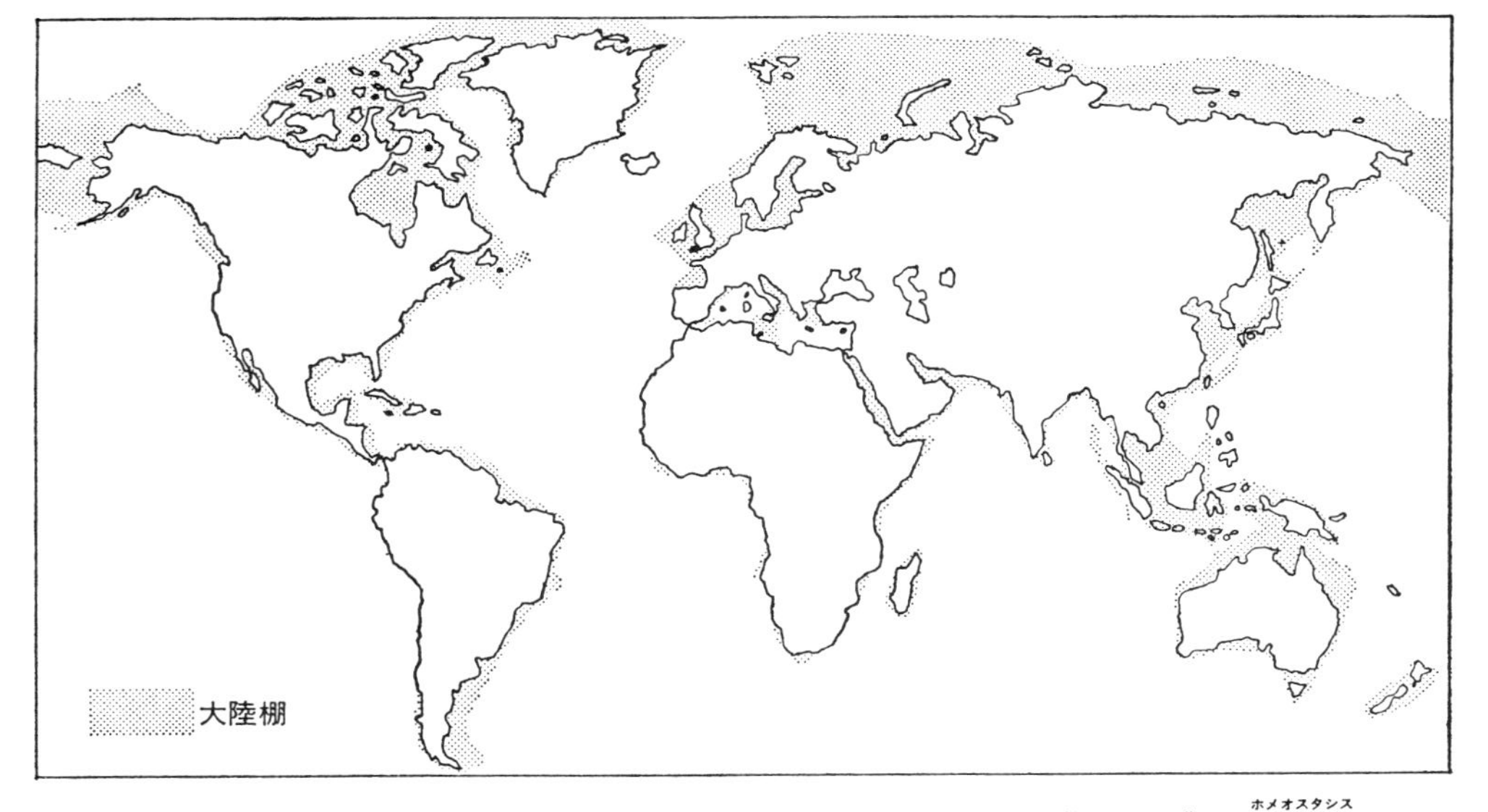


**図8**　世界の海洋と大陸棚。アフリカ大陸に匹敵する面積をしめる大陸棚こそ、私たちの惑星の恒常性(ホメオスタシス)において決定的な役割をはたすものかもしれない。空気中の酸素源となる炭素埋没が起こるのもここなら、生命にとって不可欠な種々のガス化合物、揮発性化合物もここでつくられる。

たく触れていない。これらはすべて、直接間接に生物の存在に影響をあたえ、またその影響をうけるプロセス、ないしはそうしたプロセスの一部である。何千何万という海洋生物間の生態学的関係、それら生命体の生活に人間が意図的に、あるいは偶然に干渉することが、海洋の物理や化学になんらかの影響をおよぼし、ひいてはわれわれ自身の健康をも左右するのかどうか、そして、たとえば、最終的には絶滅につながりかねない捕鯨行為が、かけがえのない仲間を永遠に失うこととはべつに、もっと大きな効果をもたらしはしないのか——これらの問題にもほとんど触れずにきた。その理由はかぎられた紙面（スペース）にもあるが、しっかりした情報が足りないということのほうが大きい。

さいわい、われわれの情報庫にあるたくさんの空き棚を埋めるステップが、現在ようやく踏み出されている。巨大科学（ビッグサイエンス）的な規模の出費はかならずしも必要ない。数年前、私を含めた何人かの科学者が、ガイアの特殊な、しかも重要な活動のいくつかを調べるささやかなプロジェクトに参加した。対象となったのは、ガイアの活動のなかでも、塩分調節との関連で推察した大規模な制御機構よりはいくぶんスケールの小さいものであった。

## 6——硫黄収支の謎を追う

一九七一年、私とふたりの研究仲間、ロバート・マッグスとロジャー・ウェイドは、排水量数百トンという小さな調査艇「シャックルトン」号に乗りこんで、南ウェールズのバリーから南極大陸をめざした。おもな航海目的は地質調査である。われわれ三人は定員外で、船が南進しながら調査をおこなうあいだ、船上から自由に観測することを許されていた。われわれの特別テーマは、硫化ジメチルという従来見すごされてきた重要成分を勘定にいれると、世界の硫黄収支の帳尻を合わせられるかどうかを調べることだった。

硫黄欠乏の謎はそれに先だつ数年前から問題になっていた。硫黄サイクルをたどってゆくと、陸上でわかっているすべての硫黄源から算定するより多くの硫黄が、河川を通じて陸から海へ規則正しく流入していることが判明したのである。計算には、硫黄を含んだ岩石の風化、植物が地面から抽出する硫黄、そして化石燃料の燃焼によって大気中に放出される分が含められたが、それでも、年間何億トンという食いちがいがでてきてしまう。E・J・コンウェイは、不足分の硫黄成分は大気を経由して海から陸へ運ばれるのではないかと考え、運び手は硫化水素、つまり昔から学校の化学室におなじみの（イギリスでは科目の化学に「悪臭（スティンクス）」というあだ名をつけている）あの悪臭ふんぷんたる気体だとした。

われわれのチームは、この単純な説明に疑問をもった。ひとつには、いままで誰ひとり、このギャップを埋めるほど大量の硫化水素を大気中にみとめた者はいない。ふたつには、硫化水素は酸素の豊富な海水とすばやく反応して不揮発性の化合物をつくるため、海から空中へ離脱することはおろか、海面にたどりつくひまもないはずである。私とふたりの研究仲間は、そのかわりに化学的には硫化水素と親類関係にある硫化ジメチルに目をつけ、これが空気を通じて不足分の硫黄を運ぶ仲介物だと考えた。硫化ジメチルにはひとつその役柄にふさわしい特徴がある。対抗馬の硫化水素より、酸素に破壊される速度がずっと遅いのである。

硫化ジメチルを支持するにはそれなりの根拠があった。リーズ大学のフリデリック・チャレンジャー教授は、長年の実験を通して、ある種の元素にメチル基を加えること（メチル化という）が、余剰の不要物をガスや蒸気に変えて廃棄するための有機生命体の常套手段だということを実証した。例をあげれば、硫黄、水銀、アンチモン、砒素などのメチル化合物は、みなもとの元素自体よりもずっと揮発性が高い。チャレンジャーによると、海草を含む海洋性藻類の多くが、このような方法で硫化ジメチルを大量に生産することができるというのである。私たちは航路の全域で海水標本をとり、その時点では硫黄源としてじゅうぶんと思われる濃度の硫化ジメチルを観察した。けれども、のちにピーター・リスの計算で、私たちが遠海でとった標本の濃度からみて、不足分の硫黄すべてを埋め合わせるのに必要な海—大気—陸の流れを起こし、維持してゆくだけの硫化ジメチルは海中にないということが明らかになった。さらにあとになって、シャックルトン号の航路では、硫化ジメチルが高濃度で生産されている海域にぶつからなかったことに気づいた。その後の発見で、硫化ジメチルのおもな出所は遠海ではなく――遠海はその意味では砂漠に近い――、生命豊かな近海であることがわかっている。ここには、海水中の硫酸イオンから硫黄を抽出して硫化ジメチルに変える、驚くほど高性能のメカニズムをそなえたある種の海藻が生息しているのだ。そのひとつが *Polysiphonia fastigiata* で、ほとんどの海岸にみられる大型のひばまた類に寄生した小さな赤色生物である。その硫化ジメチル生産力は驚異的で、海水といっしょに密閉瓶にいれて三〇分ほどおいておくと、瓶のなかの蒸気に火がつくほどの硫化ジメチルがたまっている。ありがたいことに、硫化ジメチルの匂いは硫化水素のような悪臭ではない。薄めたときの芳香は、かすかに海をしのばせる。

確証にはさらなる調査を必要とするが、いまなら、大陸棚周辺の海でつくられる硫化ジメチルこそ、硫黄生産のミッシングリンクを埋める化合物だと主張していいだろう。藻類の多くは、塩水にも淡水にも適応できる。日本の科学者イシダは、最近、*Polysiphonia fastigiata* は塩水性のものも淡水性のものも硫化ジメチルを生産できるが、効果的な酵素システムが起動するのは塩水中だけだという報告をした。これは、硫黄サイクルに注入するにふさわしい場所で硫化ジメチルを生産する、生物学的工夫のひとつかもしれない。

この生物学的メチル化現象には残酷な面もある。海底の泥に住むバクテリアは、とくにこのテクニックに長けていて、水銀、鉛、砒素といった有毒元素を、すべてその揮発性メチル化合物に変えてしまう。これらのガスは海水中を上昇しながら、魚を含むあらゆるものに浸透してゆく。ふつうならその量は有毒にならないほど少ないが、何年か前、日本の九州西岸にある工場がジメチル水銀を海に流し、その海域の魚が人間にとって毒性をもつにいたったことがある。魚を食べた人たちは全員被害をこうむり、大勢の奇形児とミナマタ病（土地の名前をとって、メチル水銀毒独特の悲惨な症状をこう呼ぶ）による死者が出た。自然の水銀メチル化が、これほどのところまで進まないのはさいわいである。しかし、ヒ素の場合はそうではない。前世紀、壁紙のなかにヒ素からつくった緑色染料が使われているものがあった。換気の悪い、湿気のある、カビ臭い家々では、カビが壁紙に含まれるヒ素を致死ガスのトリメチルアルシンに変え、この壁紙をはった寝室で眠っている人びとの命を奪った。

生命体がなぜ有毒元素をメチル化するかはまだはっきりわかっていないが、それらをガス化することによって、周囲の環境から有毒物質をとり除く一手段だという可能性はあるだろう。通常、これらのガスは薄められるおかげで、他の生物に害をあたえることはないが、人間が自然のバランスを乱すと、本来有益なプロセスも悪性のものとなって、奇形や死を招く。

生物学的な硫黄のメチル化は、海と陸の正しい硫黄バランスを保つためのガイア的解決策と思われる。このプロセスがなかったら、地表の溶性硫黄の大半はとうの昔に海へと流出して、二度と補充されず、有機生命体の維持に必要なさまざまな環境成分間の微妙なバランスが崩れてしまっていただろう。

シャックルトン号の航海中、もう一種類、われわれの注意をひいたメチル含有化合物があった。それは、いわゆる「ハロカーボン」群で、メタンのような炭化水素のうち、ひとつかそれ以上の水素原子をフッ素、塩素、臭素、ヨウ素などのハロゲン元素のどれかで置換したものである。結局、この調査がわれわれの航海中最大の成果をもたらしたのだが、基礎的な研究調査においては、前もって細部まで計画しすぎることが賢明でないという好例だろう。目をしっかりと見ひらいて、ガイアのさしだしてくれるものをとり逃がしてはならないのだ。まったくの幸運で、私たちはハロカーボン・ガスを微量測定できる装置をたずさえていた。調査の第一のねらいは、防臭剤や殺虫剤を噴霧するのに使われるエアロゾル推進ガスを追跡すれば、南北両半球間の空気の動きといったようなものをうまく観測できるという点を実証することにあった。この調査は、ある意味ではあまりにも大成功だった。航海中どこで観測しても、フルオクロロカーボン・ガスをたやすく検出できたが、現在このガスがオゾン層を消衰させる危険についてオーバーな騒がれかたをしているのは、このときの発見が直接のきっかけだったのである。

同じ装置によって、ハロカーボン・ガスがもう二種類検出された。ひとつは、なぜ空気中に存在するかいまだに謎とされている四塩化炭素。もうひとつは、海洋性藻類が産出するヨウ化メチルである。昔、天候を予知するのにはためかせた、長い海草をおぼえている人もいるだろう（イギリスの風習らしい――訳者）。あれはコンブ科のケルプの一種で、沿海に育ち、海水からヨウ素を集める能力をもっている。成長期のケルプは多量のヨウ化メチルを生産する。かつてはとったケルプを燃やし、灰からヨウ素を抽出したものである。ちょうど硫化ジメチルが硫黄の運び手であるように、ヨウ化メチルは大気を介して陸へ、ヨウ素という生命に不可欠な元素を送りかえすのかもしれない。ヨウ素がないと、甲状腺は代謝率を調節するホルモンをつくることができず、ほとんどの動物はしだいに病気にかかるか、死んでしまうかするだろう。

海上の空気中にヨウ化メチルを発見した時点では、このガスの大部分が海水の塩素イオンと反応して塩化メチルをつくることを知らなかった。この予期せざる反応のことを最初に教えてくれた恩人はオリヴァー・ザフィリオウで、おかげで塩化メチルが大気中の主要塩素源であることを発見できた。ふつうなら、これもちょっとした化学の不思議ですんだところだが、前章で触れたとおり、今日塩化メチルは、成層圏のオゾン層を消衰させる力をもつことから、自然のエアロゾル推進ガスにあたるものとみられている。はたらきとしては、オゾン層の濃度調節にあずかっている可能性があって、オゾンは多すぎても、少なすぎるのと同様有害だということを思い出させてくれる。そんなわけで、もうひとつ海を出所とする塩素という元素も、メチルがくっついて、ガイアの一翼をになう候補にあがるのである。

生命にとって重要な他の元素、たとえばセレンのようなものも、メチル誘導体と同じく海から空中へ出てゆくことが考えられるが、基本元素のひとつであるリンについては、いまのところその揮発性化合物が海洋に源を発するという証拠をつかんでいない。リンの需要が小さいために、岩石の風化でじゅうぶんまかなえるという可能性もあるが、もしそうでない場合、渡りを習性とする鳥や魚が、リンの再生(リサイクリング)という大がかりなガイア的機能をはたしていることも考慮してよかろう。サケやウナギが海から遠く離れた内陸のふるさとをめざして、骨のおれる、一見つむじ曲りの努力をするのも、こうしてみるとそれなりのはたらきがあるのかもしれない。

## 7——海洋開発の前に

海に関して、その化学、物理、生物学をはじめ、それらのあいだで起こる相互作用のメカニズムも含めた情報を集めることは、人類のなすべきもっとも重要な仕事のひとつである。海を知れば知るほど、海洋資源の利用をどこまで進めていいのかもわかるだろうし、惑星上の最優勢種として、現在手にしている力を乱用し、海というもっとも肥沃な領域から無謀な略奪や搾取をつづければどんな結果を招くかも理解できるだろう。陸地は地球の表面の三分の一にも満たない。生命圏（バイオスフィア）が、農業と牧畜のもたらした根本的変化に抗し、おそらく今後も、われわれの人口が増加して農業がさらに集約化していくなかで、バランスを失わずにすむのはこのおかげだろう。けれども、海洋開発、とくに耕作に適した大陸棚に農業を拡張するにあたって、いままでどおりの勝手が通用すると思ってはならない。実際、生命圏（バイオスフィア）の最重要地帯である大陸棚をかき乱したらどうなるか、誰ひとり知らないのである。それゆえに私は、われわれの探険航海にさいしては、つねに視界にガイアをおさめ、海が〈彼女〉の大事な部分であるのを忘れないことこそ、もっとも賢明でむくわれることの多い道だと信じて疑わない。

# 第七章▼ガイアと人間——汚染問題

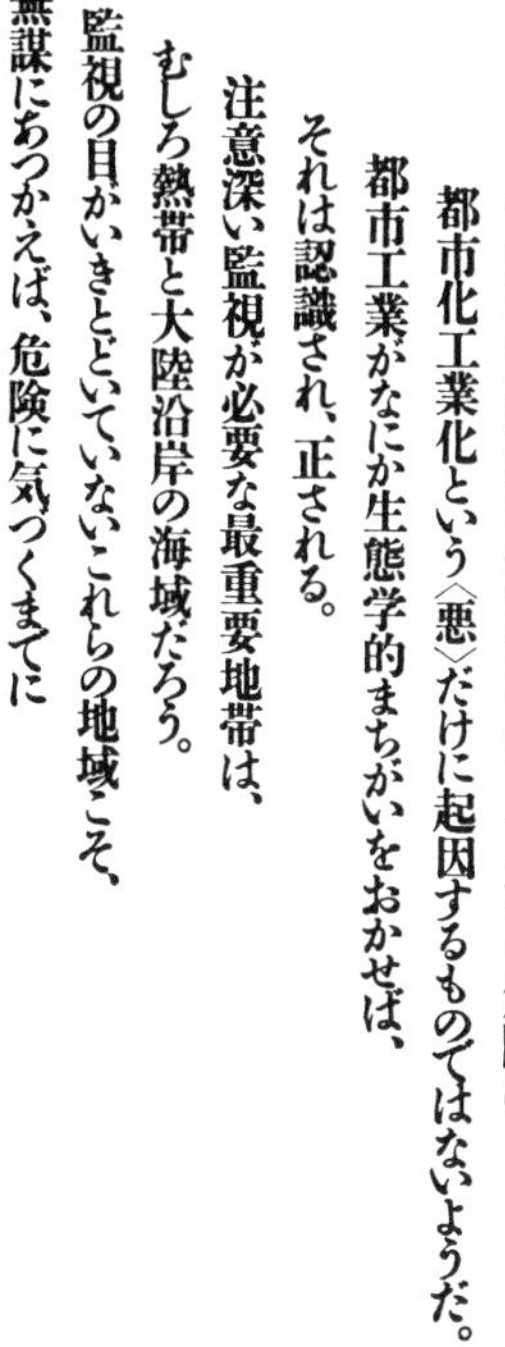

人間の諸活動がわが惑星にもたらすおもな危険は、
都市化工業化という〈悪〉だけに起因するものではないようだ。
都市工業がなにか生態学的まちがいをおかせば、
それは認識され、正される。
注意深い監視が必要な最重要地帯は、
むしろ熱帯と大陸沿岸の海域だろう。
監視の目がいきとどいていないこれらの地域こそ、
無謀にあつかえば、危険に気づくまでに
とりかえしがつかなくなる可能性がある。

## 1――「昔はよかった」の呪縛を超えて

私たちのほとんどが、いちどならず一族の古老たちから、昔はよかったと聞かされたことがあるにちがいない。これはじつに根深い思考習慣とみえ――われわれも歳をとると同じことをする――、自然、太古の人間たちはガイアのほかの部分との全面的調和のうちに生きていたと思いこみがちである。もしかすると、われわれは実際にエデンの園から追放されたのかもしれないし、おそらくその儀式は各世代の心のなかで象徴的にくりかえされているのだろう。

至福にみちた無垢の境地から、肉と悪の悲惨な世界への堕落は、不服従の罪によるものだったという聖書の教えは、現代文化のなかではうけいれにくい。当世風の考え方からすると、神の恩寵からの脱落は、人間のあくことを知らない好奇心と、ものごとの自然な秩序に手をだし、さまざまな試みをしてみようとするあらがいがたい衝動のせいだということになる。重要なのは、聖書の物語も、少々迫力には欠けるものの現代的解釈も、罪の意識を教え、それを持続させるねらいをもっているかにみえる点である。これは人間社会における強力な、しかも偶発的な負のフィードバックといっていい。

現代の人間が依然として地獄へむかっているといわれてみれば、まっさきに頭に浮かぶのが、わが惑星の大気と水圏の汚染だろう。これはまず一八世紀末にイギリスではじまり、その後しみのように北半球の大半にひろがった産業革命に端を発していて、時代とともに悪化の一途をたどっている。今日、人間の工業活動が地球という〈巣〉を汚しており、年々不吉な様相を呈してゆく惑星の全生命を脅かしていることは、一般に認められるところである。けれども、私はここでこの型どおりの考え方と袂を分かとうと思う。ひどいあせものような人間のテクノロジーが、結局人類自身にとって破壊的だったということになる可能性はあるが、現在および近い将来における工業活動のレベルで、全体としてのガイアの生命が危うくなるという根拠は非常に薄いのだ。

自然界はそう純粋ではない。激すれば爪牙をむきだすことぐらいならよく知られているが、必要とあらば化学戦に出るのもいとわないことは、あまりにもみすごされやすい。家庭で蚊やハエを殺すのに使われるスプレー式の殺虫剤が、もともとキク科の植物からつくられることを知っている人が何人いるだろう。野生の除虫菊は、いまだにもっとも殺虫効果の高い物質のひとつなのである。

最大の毒性をもつもののなかには、自然の産物が圧倒的に多い。バクテリアのつくるボツリヌス菌、赤潮の原因となる渦鞭藻類の悪性毒素、テングダケの合成するポリペプチドは、すべてまったく有機的な産物だが、毒性ということにかけては自然食品店の棚に並んでもおかしくない（皮肉か――訳者）。アフリカ産の植物 *Dichapetalum toxicarium* および同種のいくつかは、フッ素化学をものにしている。それらの植物は酢酸のような自然の物質からフッ素という強烈な元素をとりこみ、合成した塩化合物を葉につめる。この致死物質は、化学者たちから生体モンキーレンチの異名をちょうだいしており、ほとんどの有機生命体の化学サイクルの歯車にはいりこむと、分子レベルで名前のとおりの大破壊をやってのける。もしこれがまったくの工業産物だったら、急所をついて生命圏(バイオスフィア)内でのしあがるため、人間が化学テクノロジーを乱用悪用しているいまひとつの例としてあげつらわれたことだろう。ところがこれは正真正銘自然の産物であり、有機的に合成されて、その持主に卑劣な歩(ぶ)をあたえる猛毒のひとつにすぎないのである。自然が使うきたない手口にはジュネーブ協定のような制約がない。コウジカビ科のカビの一種は、アフラトキシンという物質の合成法を発見した。この物質は突然変異、ガン、および胎児性奇型を誘発する性質をもっている。この侵略的な化学物質に自然汚染されたピーナッツを食べて、おびただしい数の人が胃ガンに倒れたのは有名である。

## 2——自然界の汚染物質

汚染が自然なものであるという可能性はあるだろうか。もし汚染という言葉で廃棄物の放下を意味するならば、ガイアにとって汚染は、われわれをはじめとする大部分の動物にとって呼吸が自然であるのと同じくらい自然なものらしく、その証拠はじゅうぶんある。一イオン半前に起こった、遊離酸素の大気混入という壊滅的大汚染についてはすでに述べた。当時、空気および海と接触した地球表面のすべては、広範な微生物にとって致命的な環境となった。これらの嫌気性生物（酸素のないところでのみ生育できる生命体）は、その結果、河川や湖や海の底にたまった泥のなかへ追いやられる。何百万年もあとになって、この上層生命からの追放は一部赦免のはこびとなった。今日彼らは、ふたたび表面のいちばん快適で安全な環境のなかで、じゅうぶんな食糧補給をうけながら、ぬくぬくとその特権的地位を享受している。これらの微小生物は、現在、昆虫から象にいたるあらゆる動物の腸内をすみかとしているのである。私の研究仲間であるリン・マーギュリスは、これら微生物こそガイアのより重要な側面をになうものの一部であり、われわれ人間を含めた大型動物のおもな役割は、彼らに嫌気性環境を提供することかもしれないと考えている。嫌気性生物の広範囲におよぶ破壊は、結局のところハッピーエンドで終わったが、酸素による大気汚染が発生した当時の惨禍には変わりがなかった。嫌気性生命にたいする酸素毒の影響を理解するには、すでに仮説として述べた、光合成によって塩素をつくりだす海洋性藻類が首尾よく海を継承した経緯を参考にするとよいだろう。

酸素汚染という自然災害は、当時の生態系に適応のゆとりをあたえるていどのゆっくりとしたスピードで進行したが、酸素にたいする抵抗力をもった生物種からなる新しい生態系が地球表面をうけつぐまでには、無数の種が絶滅の憂き目をみたにちがいない。

　それと比較すればスケールの小さい産業革命による環境変化をみると、実際にそうした適応の起こるさまがわかる。なかでもガ（Peppered Moth）の例は有名で、イギリスの工業地帯のすすにおおわれた樹木に生息しているうち、捕食者にたいするカモフラージュをつづけようと、数十年のあいだに羽根の色をうすい灰色からほとんど黒に近くまで変化させた。現在その羽根色は、大気汚染防止法が煤煙の一掃に効を奏するとともに、またもとの灰色に戻りつつある。ただし、バラだけはいぜんとして地方の田園地帯よりもロンドンのほうが見事に咲く。これは二酸化硫黄という汚染物質がバラにつく菌を殺すためである。

　そもそも汚染という概念自体が人間中心的なもので、ガイア的文脈からすると的はずれなのかもしれない。いわゆる汚染物質の多くが自然に存在しており、どのレベルを越すと「汚染物質」の名にふさわしくなるのかはきわめて判断のむずかしいところである。たとえば、われわれ人間をはじめ、大部分の大型動物にとって有毒な一酸化炭素だが、不完全燃焼の産物として、自動車の排気ガス、コークスや石炭を燃すストーブ、タバコなどの煙に含まれる毒素である。つまり、本来きれいな空気中に人間が放出する汚染物質のようにみえる。ところが、空気を分析してみると、一酸化炭素ガスはいたるところにある。大気そのものに含まれるメタンガスの酸化からくるもので、生産量は毎年一〇億トンにのぼる。ということは、間接的ながら自然な植物性の産物であり、また多くの海中生物の浮袋のなかにもみられる。管くらげ類はよい例で、その体内に含まれる一酸化炭素ガスの濃度は、もし大気中にあったら人間など即死してしまうほどのものである。

ほとんどの汚染物質は、二酸化硫黄であれジメチル水銀であれハロカーボンであれ、突然変異やガンを誘発する物質であれ、あるいは放射性物質であれ、ていどの差はあってもどこかに自然の出所をもっている。なかには、そもそも毒や命とりにもならないほど自然のなかで豊富につくられているものさえあるだろう。ウラニウムを含んだ岩の洞窟に住むのは、どんな生き物にとっても不健康にちがいないが、そんな洞窟は種の存続を脅かすほどやたらにあるわけではない。種としてのわれわれ人類は、すでに、環境のなかにあるおびただしい危険にさらされても、それが通常の限度内であれば耐えぬく力をもっているようだ。もしそうした危険のうちひとつかふたつが増大するようなことがあると、個と種両方のレベルで適応作用がはじまるだろう。たとえば、紫外線の増加にたいする通常の個的防衛反応は、皮膚の褐色化である。数世代もつづくと、この変化は固定されてゆく。色白やそばかすは熱帯の陽射しのもとでは優勢となれないが、もし人種間のタブーのために、未来の世代が着色情報をもつ土着の遺伝子に接触できなくなったりすると、種としては苦しい立場に追いこまれることになる。

ひとつの種が、なんらかの遺伝子化学的事故によって、うっかり有毒物質をつくりだしてしまった場合、その種はみずから命を絶つ可能性がある。けれども、もしその毒素が競争相手のほうにもっとよく効くとなったら、その種はなんとか生きのびて、しだいに自分自身の毒性には順応し、競合用にはさらに致死性の高い汚染物質をつくりだすかもしれない。ダーウィンの自然淘汰の法則どおりである。

## 3――地球と生命を脅かすもの

ここで、人間の視点ではなくガイア的な角度から、現代の汚染を考えてみよう。工業汚染に関するかぎり、他をひき離してもっとも被害のひどいのは、北半球の人口過密市街区域である。日本、アメリカの一部、西ヨーロッパ、そしてソビエトがこれにはいる。こうした地域を空から眺めた人も多いはずだ。スモッグを払いのけるだけの風が吹いていたとして、ふつう目に映るのはところどころ灰色が散らばった緑のカーペットである。工場地帯は、まわりに従業員の密集住宅をしたがえてきわだっている。が、全般的な印象は、自然の草木が隙あらば反撃に出て、すべてを奪回しようと時期をうかがっているとでもいうべきか。第二次大戦中、爆撃で空地のふえた都市部に、たちまち野生の花々が侵入してきたのをおぼえている人もいるだろう。上空から見た工業地帯が、プロの終末論者たちの説くような荒廃した砂漠と映ることはめったない。もしこれが、わが惑星のもっとも汚染のひどい人口密集地帯にあてはまるならば、人間の諸活動に懸念をいだくさしせまった理由はなにもないかにみえる。ところが、残念なことに必ずしもそうではない。ただ、われわれが問題をまちがった場所に求めるようにしむけられてきただけなのである。

社会的影響力をもつ人々、あらゆる社会のオピニオンリーダーや立法者たちは、都市に住むか、少なくともそこを仕事場にするかして、仕事の行きかえりには、都市開発・工業開発のプロムナードをぬって走る道路や鉄道ばかり利用しがちである。日々そこを往復していれば、都市汚染や、渋滞では見るのも通りぬけるのも不快な地域環境に、心が沈んでゆくのはしかたがない。休日になって、開発のそれほど進んでいない海や山へ行くと、そのコントラストに、わが家や仕事場は生命にふさわしい場所でないという確信が深まってゆく。またそれは、なにか手を打たなければという決意をも強めさせることになる。

こうして、最大の生態学的混乱は北半球温帯の都市部で起こっているという、無理もないとはいえ誤解をまねきやすい印象ができあがってしまう。しかし、パキスタンのハラッパ砂漠やアフリカの各地、そしてそう遠くない昔では、スタインベックの『怒りの葡萄』の舞台となったアメリカ中西部などを飛んだほうが自然生態系ならびに人工的生態系の破壊について、もっと明確で教示に富んだイメージが浮かびあがるだろう。干魃地帯と呼ばれるこれら広大な被害地域こそ、人間とその家畜によって潜在的生命力がもっともいちじるしく損なわれた場所なのである。こうした惨禍は進歩したテクノロジーの多用が原因ではなく、反対に、今日では、原始的テクノロジーにもとづく不健全で粗悪な農業の結果だとされている。

これらの荒廃と、現在のイギリスの情景とをくらべてみると参考になる。イギリスでは、工業資源の力を相当に借りて、農業生産がよく伸びており、世界有数の一平方マイルあたり千人を越える人口密度にもかかわらず、国内需要をうわまわる食糧を生産している。それでもなおかつ、町や道路、工場などはもちろん、庭園や公園、林地、未開地、生垣、雑木林などのスペースはじゅうぶんさけるのである。たしかに、利潤と生産性を向上させようとはやるあまり、農場主たちは外科医というより屠殺屋的に農業機械類をあつかう傾向があるし、自分の家畜や作物以外の生き物はすべて害敵か雑草とみなしがちである。しかし、これが、人間とその環境とのあいだにすばらしい調和が生まれる、新たなルネッサンスへの過渡期でないとはかぎらない。思えばそう遠くない昔、イギリス南部はそんな天上的田園風景で知られていた。もちろん、社会学者やハーディの愛読者たちなら、農場労働者や動物の不幸な運命、そして彼らにむやみと加えられた暴虐の数々を想い起こすにちがいない。だが、本書は、人間や家畜やペットが主題ではなく、生命圏(バイオスフィア)と母なる地球の魔術(マジック)に関するものである。いまいったような田園風景はウェセックス州にじゅうぶん残されており、ある種の調和がいまなお可能であることを実証し、またそれが、テクノロジーの進歩とともにひろがっていきさえするかもしれないという希望をあたえてくれる。田舎の人たちにとっては、高い生活水準の心もとない快適さと、機械化農業の騒音と悪臭にみちた退屈が、過去の暴政にとってかわったのが現状だろう。

それならば、人間のさまざまな活動のなかで、地球とその生命を脅かすのはなんだろうか。種としてのわれわれ人間は、工業力を武器として、いまや惑星の主要化学サイクルにいくつか無視できない変化をもたらしてしまった。炭素サイクルを二〇パーセント、窒素サイクルを五〇パーセント、硫黄サイクルたるや百パーセント以上増大させているのである。人口と化石燃料の使用が増加するにつれ、これらの数字はますます大きくなってゆくだろう。はたしてどんな結果があらわれてくるものか。現在までに観察された唯一の変化は、大気中の二酸化炭素が約一〇パーセント増加したことと、まだ議論の余地はあるが、硫酸塩化合物と土壌の粒子が原因とみられるかすみ濃度の上昇である。

二酸化炭素の増加は一種のガス毛布としてはたらいて、地球を暖めるだろうという予測があった。またいっぽうでは、大気のかすみ度がふえると、冷却効果があるのではないかという説もあった。化石燃料の使用によって、いまのところまだ重大な影響がでていないのは、現在そのふたつの効果がたがいに相殺しあっているからだという説さえある。しかし、成長予測が適中して、一〇年ごとに化石燃料の消費がほぼ倍増していくようなことになれば、われわれは用心深くなる必要があるだろう。

けれども、地球上で惑星的調節機能をになっている部分といえば、やはり膨大な量の微生物群を擁する地域だろう。海中と土壌表層の藻類は、生化学の主役として光合成を営んでいる。彼らはまた、土壌中と海底の好気性分解者、ならびに大陸棚、深海底、沼地、湿原など広大な泥質帯に住む嫌気性微小植物群と協力して、依然、地球の炭素の半分を回転させている。大型動物や植物、海草にも重要な特殊機能があるかもしれないが、ガイアの自己調節活動の大半はやはり微生物によるものと考えていいのである。

次章でみるとおり、世界のある地域は、ほかの地域よりもガイアにとって重要な意味をもっている可能性がある。したがって、世界人口の増加にともなう食糧増産の必要がいかに切迫しても、惑星制御の根幹であるそうした地域を激変させすぎないよう、最大の注意を払うべきだろう。なかでも、大陸棚と湿地帯は、一般にこの大役にふさわしい特徴をそなえている。砂漠や干魃地帯をつくりだしたのはまだしも赦免の余地があるかもしれないが、海中農業に手をつけるにあたり、無責任かつ粗悪な農法で大陸棚周辺を荒廃させたならば、われわれ自身絶滅の危険をおかすことになるだろう。

## 4——オゾンを消衰させるもの

人間の未来に関して確実な予測というのは数少ないが、そのうちのひとつは、今後数十年のうちに、世界人口は少なくとも現在の二倍になるだろうという。八億の人口を、ガイアに深刻な打撃をあたえずに養うことのほうが、工業汚染より緊急な課題ではあるまいか。もちろん、どの微量毒素が警戒にあたいするかは議論の余地がある。オゾンを消衰させる化合物はいうまでもなく、殺虫剤や除草剤こそ最大の脅威なのだろうか。

不注意で過度の殺虫剤使用が生命圏(バイオスフィア)におよぼす脅威について、世に決定的な警告をあたえてくれたことは、レイチェル・カーソンの大きな功績だった。けれども、われわれが実際じゅうぶんな注意を払っていることは見すごされがちである。希少な捕食鳥をはじめとする多くの鳥類が、世界のいくつかの地域で絶滅の危険に瀕しているとはいえ、鳥の歌わぬ「沈黙の春（レイチェル・カーソンの主著）」はまだ訪れていない。地球上のDDT分布に関するジョージ・ウッドウェルのすぐれた研究は、ガイアの薬理学と毒物学をいかにあつかうべきかの見本といえる。それによると、DDTの蓄積は予測されていたよりも小さく、その毒物効果からの回復も早かった。調査をはじめた時点では予想もつかなかったことだが、DDTを除去する自然なプロセスがあるらしいのだ。生命圏(バイオスフィア)内のDDT濃度は、もうとうに峠を越えている。昆虫を媒介とした病気にたいする武器として、多くの生命を救い、力づける力をもつDDTは、これからも使われつづけてゆくにはちがいないが、おそらく将来はもっと慎重に、経済的に使用されることだろう。このような物質は薬と同じで、適量ならば有益でも、度を越すと害になったり、場合によっては命とりになったりする。古人は、テクノロジーの最初の武器であった火について、召使いとしてはいいが主人にはふさわしくない、といっていた。同じことは、テクノロジーの生んだ数々の新しい武器についてもあてはまる。

現実の、あるいは潜在的な汚染の危険に警鐘を鳴らすには、急進的環境保護論者のような激しい気迫が必要なのかもしれないが、対策を構ずるにあたって、いきすぎた反応は禁物である。アメリカにおけるエアスプレー追放キャンペーンでは、「全国民をおびやかす〝死のスプレー〟」といった見出しにつづいて、「〝無害〟なはずのエアスプレーが、地球上の全生命を破壊するか」などという警句が新聞誌上をにぎわわせた。この手のでたらめな誇張は、政治としてはうまくいくかもしれないが、科学としてはお粗末すぎる。うぶ湯といっしょに赤ん坊まで捨ててしまってはしかたがない。実際の話、再生(リサイクル)環境保護論者たちがあわてて訓示をたれるとおり、いまやうぶ湯さえ捨てられない時代である。再生しなければいけないのだ。

当世はやりの汚染終末説、太陽の必殺紫外線をさえぎる、地球のかよわい被膜(シールド)侵食はいかに。酸化窒素とクロロフルオロカーボン群がオゾン層にあたえる潜在的脅威については、ポール・クラッツェンとシェリー・ローランドの警告に負うところが大きい。本書執筆の時点で、成層圏のオゾン濃度は、低下するはずであることに気づかないかのごとく、ゆれ動きながらも執拗に上昇をつづけている。それでもなお、汚染物質によってしだいにオゾンが減少するという議論にあまりの説得力があるため、立法者も大気科学者も、どんな措置が最善なのか決めかねている状態である。ここで、ガイアの経験が指針となってくれるかもしれない。高層物理学者たちの計算が正しければ、過去の自然現象の多くが、すでにオゾン層を大幅に消衰させたはずだろう。たとえば、一八九五年のクラカトア火山噴火のような大きな火山爆発があると、成層圏に膨大な量の塩素化合物が吹き上げられて、最高三〇パーセントまでオゾンが減少する可能性がある。この数字はクロロフルオロカーボンが現在のペースで大気中に放出された場合、二〇一〇年までに予想されるオゾン減少の二倍以上の効果を示している。ほかに厄介な出来事といえば、太陽面爆発(ソーラーフレア)、大隕石衝突、地球の磁場逆転、近接恒星の超新星爆発(スーパーノヴァ)、そして、土壌と海中における亜酸化窒素の異常発生という事態さえ考えられる。これらのうちいくつか、ないしはすべてが、過去にかなりの頻度で起こったことはまちがいなく、そのつど成層圏は、オゾン破壊で悪名高い大量の酸化窒素群に見舞われたことだろう。われわれ人類をはじめ、ガイアに遍満するバラエティーに富んだ生命が生きのびてきているところをみると、オゾンの減少は騒がれるほどには致命的なものでないのか、あるいは理論的に誤りがあって、いちども消衰したことがないかのどちらかだという結論になる。そのうえ、地球上に生命が登場した最初の二億年間はオゾンのオの字もなく、表層生命、つまりバクテリアやアオミドロは、太陽からくる生の紫外線の豪雨にさらされっぱなしだったにちがいないのである。

エアスプレーその他の発明品（たとえば、クロロフルオロカーボンを内蔵する冷蔵庫）を継続的に使用することによって誘発される忌わしいガンの話などをあげて、注意をうながしてくれる人たちを無視するのはよくない。また反対に、恐慌をきたして（アメリカの連邦政府諸局がそうだった）、本来有益無害な製品を追放する、はやまった、根拠のない法律制定をするようなこともさけるべきだろう。最悪の予測にしたところで、オゾンの消衰というのはゆっくりとしたプロセスなのだ。つまり、時間はたっぷりあるわけだから、科学者が自由に調査をおこない、申し立てを支持するなり否定するなりしたうえで、合理的にどのような手を打つか立法者にゆだねればよかろう。

オゾンに関していえば、多量の亜酸化窒素と塩化メチルが、なぜ生物学的発生源から大気中に放出されるのかも考えてみるといい。両方ともオゾンの破壊力にかけては名高いのだから。現在のところ、もしこれら生物学的起源をもつ化合物が大気中になかったら、オゾン層はいまより一五パーセント以上厚くなっていただろうと考えられている。すでに述べたように、オゾンが多すぎるのも少なすぎるのと同じくらい有害で、生物による亜酸化窒素と塩化メチルの生産は、ガイアの調節システムの一部をなしているのかもしれない。

## 5――ガイアと調和するテクノロジー

全地球的規模での大気および海洋汚染の危険性については、いまや衆目の集まるところとなっている。各国当局と国際機関はこぞって、わが惑星の健康状態を記録する監視ステーション設置の動きをみせている。地球をめぐる人工衛星も、大気、海洋、地表を監視するための装置類を積んでいる。あるていどレベルの高いテクノロジーを維持しているかぎり、この探知プログラムはつづいていくだろうし、さらに拡大することさえ考えられる。また、もしテクノロジーが崩壊した場合には、当然他の工業分野にもその破綻はおよんでいるわけで、さまざまな悪影響の潜在要因である工業汚染も同時に消滅するだろう。最終的には、分別のある経済的なテクノロジーが実現して、われわれはガイアの他の部分といま以上の調和に達することができるかもしれない。思うに、この目標を達成するには、テクノロジーにたいする反動としての「自然へ帰れ」運動よりも、テクノロジーそのものは維持しながら修正を加えてゆくほうが賢明だろう。高水準のテクノロジーが、必ずしもエネルギー依存的なものである必要はまったくない。それは自転車やハンググライダー、現代のヨットなどをみればよくわかるし、超小型コンピュータが人間なら何年もかかる計算を数分でやってのけ、それでも電球一個分以下の電力しか使わないことなど絶好の例である。

わが惑星の未来と、汚染の影響に関する不安は、惑星的制御システムにたいするわれわれの無知に起因するところが大きい。もしガイアが本当に実在するとしたら、〈彼女〉と共同で一定の基本的調節機能をになう一連の生物種がいるはずである。すべての哺乳類ならびに脊椎動物のほとんどが、甲状腺をそなえている。甲状腺は体内環境に含まれるわずかなヨウ素をとりいれ、それを、われわれが生きていくうえで不可欠な代謝調節にあたるヨウ素含有ホルモンに転換する。第六章でふれたように、コンブ属の大型海洋藻類のあるものは、この甲状腺と同種の機能を惑星規模ではたしている可能性がある。これら帯状の海草は、干潮でも海水におおわれた沿海をすみかとし、海水中からヨウ素を抽出して一群の不思議なヨウ素含有物質を合成する。こうしたヨウ素化合物のいくつかは揮発性で、海草の体内から海へ、そしてさらに大気中へと逃げてゆく。なかでも、ヨウ化メチルはその代表格だろう。この物質は、純粋状態では揮発性の液体であって、摂氏四二度で沸騰する。非常に高い毒性をもっており、突然変異やガンを誘発することはほぼまちがいない。おかしなことに、もしこれが工業産物だったら、合衆国の法令では海水浴もできないことになる。沿海とその上空のヨウ化メチル濃度は、最近の微量測定計器を使えば簡単にわかるが、合衆国の法律上、ある物質に既知の発ガン物質が検出可能量含まれていたら、それにさらされることは禁止されているのだ。しかし、心配無用！　現在の海中およびその周辺におけるヨウ化メチル濃度が、そこに住む生物たちの許容できるレベルであることはいうまでもない。海鳥や魚やあざらしを悩ませるものは数多いかもしれないが、周囲でつくられるヨウ化メチルに苦しんでいないことだけはたしかである。同様に、ときたま海水につかったからといって、われわれに害があるとも考えられない。

コンブ属によってつくられたヨウ化メチルは、最終的に大気に逃げてゆくか、さもなければ海水と反応して、化学的により安定し、さらに揮発性の高い物質、塩化メチルを形成する。海から離脱したヨウ化メチルは、空中を漂うが、それも陽射しの強いときなど数時間にも満たない命で、結局分解して、生命に不可欠な元素、ヨウ素を解き放つ。さいわい、ヨウ素もまた揮発性物質で、その滞空時間は諸大陸を吹きわたるにじゅうぶんである。このヨウ素の一部は空気中の有機化合物と反応して、ヨウ化メチルを再形成すると考えられているが、ともあれ、コンブ属によって海水から濃縮されたヨウ素は、地表の空中を吹き流されて、われわれ自身のように、ヨウ素なくしては健康を保てない哺乳類に吸収されることになる。この重要機能をはたす藻類の生息地は、世界の大陸や島々をとりかこむわずかな地帯にかぎられている。ひろい外洋はそれにくらべると砂漠のようなもので、海中生命はごく希薄である。ガイア的な意味では、外洋は海のサハラ砂漠と考えたほうがよく、豊かな海の生命は、沿海および大陸棚の上に集中していることを忘れてはならない。

## 6——海洋農場の危険性

ケルプ（コンブ属の通称。欧米ではコンブやワカメよりこのケルプをよく用いる——訳者）を大規模につくる海洋農場の計画を耳にはさんだりすると、私など、いままでとりあげた工業汚染の潜在的な危険性のどれよりも、そちらの影響のほうが心配になる。ケルプは、ヨウ素以外にも多くの役に立つ製品の原料である。たとえば、アルジネートというベタベタした自然の重合体(ポリマー)は、貴重な添加物として各種の工業製品・家庭製品に欠かせない。もし沿海農業が、今日陸地が耕作されているのと同じ規模でおこなわれたならば、ガイアと、そのなくてはならない構成種であるわれわれ双方にとって、厄介な結果がおこってくるだろう。

ケルプ生産が大幅に増大した場合、塩化メチル（自然のエアロゾル推進ガスに相当する）流も増大し、フルオロクロロカーボンの大気中放散によってひき起こされるといわれる影響とほとんど同じ結果があらわれるにちがいない。

海洋農業の初期段階で、アルジネート収量の高いケルプが育成されるだろう。そうした新種は、海中からヨウ素をとりこむ力を失うかもしれないし、反対に、アルジネート収量とならんでそのヨウ化メチル生産まで増加して、他の沿海生命にとって有毒なレベルに達する可能性もある。

さらに、農場経営者のつねとして、単一作物を好む傾向がある。ケルプ農家は、おそらく他の藻類を雑草とみなし、沿海地帯の草食動物は、利潤を脅かす害敵か厄介者あつかいすることだろう。そうして、最善(ベスト)をつくして(その最善(ベスト)というのが、しばしば目を見張らせるようなものであることが問題なのだが)、彼らの駆除にのりだすにちがいない。この種の駆除は、海の恵みをうけている地球の陸地表面でならさほど問題にならないかもしれない。しかし、この恵みはおもに、大陸棚と沿海に棲む種々の生物によって生みだされているものであり、ほかにも類似の重要機能をはたしている種が多いなかで、コンブ属の役割だけはかわるものがないのだ。*Polysiphonia fastigiata* という藻類は、海水から硫黄を抽出してそれを硫化ジメチルに変える。それがのちに大気中に出たものが、おそらく空気中の自然な硫黄媒体であるらしい。いまひとつ、陸棲哺乳類にとって不可欠な微量元素であるセレンについても、同じような役割をになっている未確認の生物がいる。集約的なケルプ農業の犠牲となって、もしこれら海の「雑草」が駆逐されてしまったら、不吉な事態になるだろう。

大陸棚のしめる面積は、少なくともアフリカ大陸に相当する広大なものである。いまのところ、大陸棚地帯の農業化は、まだとるにたらないスケールでしかおこなわれていない。けれども、鉱物資源探査によって、大陸棚海底下の燃料を掘りだす油田やガス田が、どんなに急速に建設されていったか、そのスピードを忘れてはならない。いったん資源が発見されたら最後、われわれ人類がそれをとことん搾りつくすのに、そう時間はかからないのである。

第五章でみたように、大陸棚は酸素—炭素サイクルの調節においても重要な役割をはたしているかもしれない。炭素が海底の嫌気性泥土のなかに埋没することによって、大気中酸素の正味量が増加するのである。この炭素埋没がなかったら、それにともなって光合成および呼吸サイクルから姿を消す炭素原子一個につき、一個空中に残されるはずの酸素分子が残らなくなり、大気中の酸素濃度はしだいに低下して、ついにはゼロに近づくだろう。ただし、このような危険性は現在憂慮すべきものとはちがい、実際に大気中の酸素が目にみえて減少するには何万年もの年月がかかる。けれども、酸素調節がガイアの活動のかなめであることには変わりなく、それが地球の大陸棚上で起こるという事実は、大陸棚の比類なき重要性を明示している。いまていどの知識や推測をもとに、大陸棚をいじくるのが賢明でないということはいえるだろう。われわれのまだ知らないことを考えれば、へたな手だしは命とりになりかねない。

## 7――全地球的な目くばりを

北緯四五度から南緯四五度にまたがるガイアの中心地帯は、熱帯降雨林と雑木林を含む。もし不愉快な事態に驚かされたくなかったら、それらの地域にもじゅうぶん注意すべきだろう。熱帯における農業の生産効率が上がらないこと、そしてひろい面積が、かつて合衆国のバッドランズ（悪地）を生んだのと同種の幼稚な農法によってすでに荒廃させられてしまっているか、あるいは現在その最中であることはよく知られている。よく知られていないのは、この粗悪な農法が全地球規模で大気圏に悪影響をあたえており、それが少なく見積っても都市部の工業活動に匹敵するほどのものだということである。

やぶや森をひらくとき焼き払うのは、ごくふつうにおこなわれているし、毎年草を焼くのも一般的である。ところが、この種の火は、二酸化炭素に加えて、広範な有機化合物や多量のエアロゾル粒子を空中に放散する。大量の塩素が、現在大気中に塩化メチルのかたちで存在するのは、熱帯農業の直接的影響かもしれない。草地と森林の焼き払いから発生する塩化メチルガスは、年間少なくとも五百万トンにのぼり、工業源泉をはるかにうわまわるばかりか、おそらく海から自然に放出される量よりも多いだろう。

塩化メチルは、幼稚な農業の結果として異常に発生することが現在知られている物質のひとつにすぎない。自然生態系のむちゃな侵害は、つねに大気ガスの正常なバランスを崩す危険性をはらんでいる。二酸化炭素、メタンなどのガスや、エアロゾル粒子の生産率における変化は、すべて全地球的な機能障害につながりかねない。そのうえ、たとえガイアがわれわれの破壊的行動の影響を調整し、緩和していたとしても、熱帯生態系の荒廃は、〈彼女〉がそうする能力さえ奪うおそれがあるということを忘れてはならない。

そんなわけで、人間の諸活動がわが惑星にもたらすおもな危険は、都市化工業化という〈悪〉だけに起因するものではないようだ。都市工業がなにか生態学的なまちがいをおかせば、それは認識され、正される。注意深い監視が必要な最重要地帯は、むしろ熱帯と大陸沿岸の海域だろう。監視の目がいきとどいていないこれらの地域こそ、無謀にあつかえば、危険に気づくまでにとりかえしがつかなくなる可能性がある。したがって、歓迎すべからざる事態に驚かされるおそれのいちばん強いのは、これらの地域なのである。ガイアの生産力を低下させ、その生命維持システムの主要生物種を駆逐することによって、人間が〈彼女〉の生気を奪いかねないのはこの地域であり、そのうえさらに、全地球的な危険性を秘めた化合物が空気中や海中に異常発生すれば、事態はいっそう悪化するにちがいない。

ヨーロッパ、アメリカ、そして中国での実績からして、賢明な農法さえ用いれば、ガイアのなかでのパートナーである他の生物種をその自然生息地から追いたてずに、現在の世界人口の二倍の人間を養うことができる。ただし、それを実現するのに、理知的な組織と適用をともなった高度なテクノロジーを必要としないと考えるのは大きなまちがいであろう。

長い目でみるならば、レイチェル・カーソンが、まちがった理由からとはいえ正しく指摘した気のめいるような可能性について、われわれは警戒を怠ってはならない。DDTをはじめとする殺虫剤の犠牲となって、鳥たちの歌わぬ沈黙の春がやってくる可能性は多分にある。ただし、そういう事態が起こったとしても、それは殺虫剤の直接的影響で鳥たちが毒死したからではなく、これらの薬剤によって救われた人間の生命が、逆に鳥たちのための余地、生息地を地球上にまったく残さなくなるためだろう。ギャレット・ハーディンがいみじくもいったように、人間の最適数は地球の養える最大人口をうわまわるのである。あるいは、もっと忌憚のない表現もある。「唯一の汚染……それは人間なり」

第八章▼

# ガイアのなかに生きる

世間一般では、生態学というとこの人間生態学に
結びつけて考える傾向が強まってしまった。
いっぽうガイア仮説のほうは、
大気をはじめとする地球のさまざまな無機特性を
観察することから出発している。
生命がかかわってくる場合にも、
とくに注目するのは、微生物に代表される、
大部分の人が最下等とみなす部分である。

## 1——人間中心の生態学を超えて

読者のなかには、本書がここまで生物間の関係をあつかいながら、肝腎の生態学にはふれたかふれないかですませているのはどうしたことだろう、と首をかしげている人もあるかもしれない。簡明オクスフォード辞典では、生態学をつぎのように定義している。「生物学の一分野で、生命体相互の関係、および生命体と周囲の環境との関係をあつかう。（人間）生態学は、人びととその環境との相互作用を研究する。」本章は、この人間生態学に照らしてガイアを考えることをテーマのひとつにするつもりだが、その前に、この分野における最近の進展をざっと見わたしてみよう。

現在、多くのすぐれた人間生態学者が活躍しているなかで、人類が生命圏の他の部分とまじわるうえでの指針として、もっとも明確な代案を示している人がふたりいる。そのひとりルネ・デュボスは、地球の世話役としての人間を提唱し、世界という大庭園をまかなう庭師のような、人間と地球との共生関係を強調してやまない。これは希望にみちた楽観的なヴィジョンであり、穏当なものだといえる。それにたいしてギャレット・ハーディンは、人間が、自分自身の破滅のみならず、全世界の破滅にもつながりかねない大悲劇を演じているとみているらしい。彼の意見では、唯一の脱け道はわれわれのテクノロジーの大部分、とりわけ核エネルギーを放棄することだが、それについて選択の自由があるとは考えていないようだ。

人類のおかれた状況に関して、人間生態学者たちが現在戦わせている議論のほとんどは、このふたつの観点のあいだのどこかに位置する。もちろん、そのほかにたくさんの急進グループがあって（大半が無政府主義（アナーキズム）の匂いを漂わせている）、すべてのテクノロジーを解体し破壊するなどという、破滅を急ぐような主張をかかげていることもたしかである。その動機が人間嫌いにあるのかラッダイト（一九世紀のイギリスで機械化に反対して暴動を起こした職工集団）精神にあるのかはさだかでないが、いずれにしても、彼らの関心は建設的思考よりももっぱら破壊的行動にあるようだ。

このへんまでいえば、なぜいままで、生態学のある一部門をもちだして、その文脈のなかでガイアを語るというようなことをしなかったか理解してもらえるのではなかろうか。本来どのような科学だったかはべつとして、世間一般では、生態学というとこの人間生態学に結びつけて考える傾向が強まってきてしまった。いっぽうガイア仮説のほうは、大気をはじめとする地球のさまざまな無機特性を観察することから出発している。生命がかかわってくる場合にも、とくに注目するのは、微生物に代表される、大部分の人が最下等とみなす部分である。人類がガイアにとって重要な展開であることはもちろんだが、彼女の人生にわれわれが登場したのはあまりにも遅く、探求をはじめるにあたって、ガイア内部におけるわれわれ自身の相互関係を語ることから出発するのは、どうみても妥当とは思えない。今日の生態学は、深く人間の諸事象に根ざしているかもしれないが、本書は、地質学というより古く、より一般的なフレームワークのなかでの地球上の生命全体をあつかうものである。しかしそろそろ、毒あるとげの密生したもっとも非生態学的な植物、いらくさをつかまなければならないときがきた。われわれはガイアのなかでどう生きるべきなのか。〈彼女〉の実在は、われわれ自身と世界との関係、そしてわれわれどうしの関係に、どのような変化をもたらすのだろうか。

それにはまず、ギャレット・ハーディンの哲学をもう少しくわしく検討することからはじめてみよう。公正を期するために断わっておくと、彼流の悲観論は、必ずしも宿命論を意味するものではない。彼自身の造語を使えば、それは〈侮蔑論〉なのである。これは、真偽のほど明らかならざる例のマーフィーの法則――「なんであれおかしくなる可能性があったら、それはおかしくなる」――を、ストイックなまでに容認することを意味し、また、この法則と、われわれがひどく不当な宇宙に生きている現実とを直視して、そのうえで未来にそなえるというふくみをもっている。おそらく、ハーディン以下今日の生態学的発想の大部分は、もとをただせば、ハーディンが引用している熱力学の三法則のつぎのようないいかえに要約されるだろう。

1 われわれに勝ち目はない
2 負けは確実である
3 ゲームから抜けるわけにもいかない

ハーディンにいわせると、この三法則は侮蔑的どころか悲劇的である。というのも、悲劇の本質は逃げ道がないことだからだ。熱力学の法則からのがれる道はない。それらはわれわれの宇宙全体を支配しており、われわれはこれ以外の宇宙を知らないのだから。

そうした意味では、核兵器その他テクノロジーの生んだ殺戮手段を、部族どうし（国家やイデオロギー間の幼稚な争いを皮肉っているらしい――訳者）の馬鹿げた、じつに悲劇的な戦闘に使用するのも、しょせん避けがたいことだというべきか。戦いを正当化するスローガンは、正義、解放、あるいは国家自治と高らかだが、真の動機である欲望や権力、ねたみなどを偽装するものにすぎない。この種の二枚舌がごく人間的で、ありふれたものであることを考えると、環境保護運動が原子力発電所の拡大にたいして暴力的な抵抗をみせるのも、原発の平和目的に関して生態学者たちが疑惑をさしはさむのも無理からぬことである。

本書の大半は、部族的抗争がつねに身近にあるアイルランドで書かれた。にもかかわらず、前述したハーディンの主張は、アイルランドの田園生活のくつろいだ、形式ばらない雰囲気のなかでは現実感に乏しく、枠にはまり、高度に組織化された都市生活をしていたほうがヴィヴィッドである。金言にあるとおり、戦線から遠ざかれば遠ざかるほど、愛国熱は激化するのだろう。

それでは、もういちど熱力学の法則をみてみよう。それらが最初、ダンテの地獄門に掲げられた文句のように聞こえるのはたしかである。しかし実際には、手ごわくて、所得税のように罰金なしではのがれられないとはいえ、用心しだいで回避できないものではない。第二法則が明言するところによれば、閉鎖システムのエントロピーは増大の一途をたどる。われわれはみな閉鎖系であるからして、これはわれわれがすべて死ぬ運命にあることを意味している。ところが、われわれを含めてあらゆる生き物の死をしるした終わりのない過去帳が、これまたやむことのない生命の更新と不可分の相補関係にあることは、つねに無視されるか故意に忘れ去られる傾向にある。第二法則の死刑宣告は、個体性(アイデンティティー)をもった閉鎖システムだけにあてはまるのであって、つぎのようにいいかえることができる。つまり「死は個体性(アイデンティティー)の代価である」、と。家族はその構成メンバーよりも長命だし、一族はもっと長生きする。さらに、種としてのホモ・サピエンスは過去数百万年にわたって存続してきた。生物相(バイオータ)およびその影響下にある環境因子の総体としてのガイアの年齢は、おそらく三イオン半に達するだろう。これは、じつに驚異的で、しかも合法的な第二法則の回避といえる。最終的には、太陽が過熱して、地球上の全生命は消滅するだろう。が、そうなるまでには、まだもう数イオンの時間がかかるにちがいない。人間個人の寿命はいうまでもなく、われわれ人類の寿命とくらべても、これだけの時間的余裕があれば、悲劇的短命どころか、地球上の生命はほとんど無限の可能性を謳歌できる。この宇宙の諸法則を決めたのが誰であれ、不平を鳴らす輩にかまいだてしなかったのはたしかである。

褒美は、やってくるチャンスは残らずものにするだけの機知をそなえた、巧妙で、大胆で、意志強固な者だけにあたえられる。

人間のおかれた状況に欠陥があるからといって、宇宙やその諸法則を咎めてもしかたがない。店のルールは破れず、逃げ道もない宇宙のラスベガスに生まれおちたことが、道義心を傷つけるとしたら、かわりに、片腕のごろつきがのさばる世界で、われわれが種としてここまで生きのび、しかも依然として勝負にでて、先のかけひきを講じられることのすばらしさを考えてみるといい。三イオン半前に、これだけの勝算がはたしてどれくらいあっただろうか。われわれが最良の世界に生まれついていることを堅く信じて疑わない超楽観主義者のパングロス博士（ヴォルテールの哲学小説『カンディード』に登場——訳者）でさえ、それには疑心を起こしたにちがいない。たしかに、第二法則はわれわれに勝ち目のないこと、死はまぬがれないことを教えているが、脚注には、ゲームをつづければほとんどどんなことでも起こりうるともしるされているのである。私を含めて、ハーディンの思想や言葉、そして彼のしばしば用いるたとえようもなく美しいイメージ表現に感動する人は多いだろうが、彼の関心が、生命圏（バイオスフィア）全体よりも人間生態学にあることを忘れてはならない。

科学において、巨視的探究と微視的探究とが同時におこなわれることは珍らしくない。とくに生物学がそうである。たとえば、生物学的問題に化学分析を応用し、あらゆる生命形態の遺伝情報を運ぶDNAとその機能を発見した分子生物学は、生理学という、動物全体、および総合的生命システムとしてのその機能をテーマとする学問から独自に発達したものである。同様に、わが惑星についてのガイア的概念と生態学的概念とのちがいは、それぞれの歴史に起因する部分がある。ガイア仮説は、惑星の細部ではなく全体を明かした、宇宙空間からの地球の眺望を出発点としている。いっぽう生態学のほうは全体像というよりは、地についた自然史と、さまざまな生息地や生態系の緻密な研究に根ざすものである。かたや森をみて木がみえず、かたや木をみて森がみえない。

## 2――ガイアの制御プロセス

もしガイアの実在を認めるならば、世界におけるわれわれの位置について新しい光を投げかける別種の考え方ができるようになる。たとえば、ガイア的な世界では、テクノロジーをともなったわれわれ人類も、自然の情景のなかの当然の一部でしかない。しかも、われわれとテクノロジーとの関係からひきだされるエネルギー量は増大するいっぽうであり、それにつれて、われわれの情報処理能力も増大しつづけている。サイバネティックスによれば、もしわれわれの情報処理能力の発達がエネルギー生産力の増加にまされば、これからの変動期も無事にのりきれる可能性があるという。つまり、自分で瓶から外にだした魔物(ジーニー)(アラジンの童話などに登場するアラビアの妖精)を、確実にコントロールできるならば、である。

あるシステムにたいする入力の増加は、ループ・ゲインをうながして、安定性の増大につながるかもしれないが、反応時間が長すぎる場合には、入力増加は一連のサイバネティック的大惨事をひき起こすもとになりかねない。現代の核兵器を有しながら、遠距離コミュニケーションのない世界を想像してみるといい。われわれと世界の他の部分との関係、およびわれわれどうしの関係における重要因子は、正しい反応を正しいタイミングでできるか否かなのである。

ガイアの実在を前提としたうえで、〈彼女〉の諸持性のうち、われわれと生命圏(バイオスフィア)の残りの部分との相互作用に重大な変化をおよぼす可能性をもったものを三つとりあげてみよう。

1　ガイアのもっとも重要な特性は、すべての地球上生命にとって諸条件を最適にしようとする傾向である。われわれが、〈彼女〉のこの最適化能力にまだ深刻な打撃をあたえていなければ、それはいまも、人間が舞台に登場する前と同じ強さをもっているにちがいない。

2　ガイアはその中核に重要器官をおさめ、消耗性および余分の器官は外周に位置している。われわれの行為が惑星にどんな影響をあたえるかは、それをどこでするかに大きく左右される。

3　状況が悪化したさいのガイアの反応は、サイバネティックスの諸規則にのっとるが、なかでも時間定数とループ・ゲインが重要な因子である。酸素調節の場合、時間定数は何千年という単位だが、このように緩慢なプロセスは、好ましからざる趨勢にたいしてわずかの警戒信号しかださない。すべてが順調には運んでおらず、なにか手を打たなければならないということがわかってから、同様にゆっくりとした改善効果があらわれてくるまでのあいだに、慣性にひきずられて事態はさらに悪化する。

最初の特性についていえば、ガイアの世界がダーウィン的な自然淘汰をへて進化してきたものであることは、すでに仮定ずみであった。その目標は、太陽の出力や惑星内部からの出力の変動を含め、あらゆる状態で生命に最適な諸条件を維持することである。いまひとつの前提は、人類がそもそもの発生から、ほかの生命種がすべてそうであったようにガイアの一部であり、無意識のうちに惑星的恒常性（オスタシス）における一機能をはたしてきた点も同じだということであった。

けれども、過去数百年のあいだに、扶養作物および家畜をともなったわが種の数は急増し、全生物量（バイオマス）の相当部分をしめるようになっている。と同時に、われわれの使用するエネルギー、情報、原料の割合は、テクノロジーの倍増効果によって、人口以上の増加率を示している。そこで、ガイア的文脈において、つぎのような問いかけが重要なものとなってくる。すなわち、「これら最近の発展のすべて、あるいはそのうちのどれかが、どのような影響をおよぼしたか。テクノロジー時代の人間はなおもガイアの一部なのか、それともわれわれはなんらかのかたちで、ないしさまざまなかたちで、〈彼女〉から疎外されているのか。」

ガイアに関するこうした難問の謎解きを手伝ってくれた点で、協同研究者のリン・マーギュリスには深く感謝しているが、きっかけは彼女のつぎのような観察だった。「それぞれの生物種は、ていどの差こそあれ、環境を修正して自分たちの繁殖率を最大にしようとします。ガイアはこれら個々の修正の集大成であり、またあらゆる生物種がたがいに結びついていることから、諸ガスの生産、食物、廃物処理などを含め、遠まわしながら他の万物にこれと同じ作用をおよぼしているわけです。」つまり、好むと好まざるとにかかわらず、またシステム総体にたいしてどんなことをしようとも、われわれはひきつづき、知らず知らずのうちにガイアの制御プロセスに組みこまれてしまうのである。われわれわれがまだ完全に社会的な種ではないため、その〈参加〉は共同体（コミュニティ）と個人の両方のレベルで起こるだろう。

個人や地域共同体（コミュニティー）の行動が破壊の進行を食いとめられる、あるいは、人口増加などの深刻な問題を左右できるというような考えにもし無理があると思うなら、われわれが全地球的規模のさまざまな生態学的問題に気づいて以来、過去二〇年間にどんなことが起こったか考えてみるといい。この短期間のあいだに、ほとんどの国で新しい法律や規則が定められ、生態と環境保全の立場から企業家や産業界の自由を制限するようになった。実際、その負フィードバックの影響力は、経済成長に深刻な影響をおよぼすほどのものだった。一九世紀初頭の学者や予言者のなかに、環境保護運動がこれほどの短時間で経済発展カーブをおさえられると予測できた者が何人いただろうか。ところが事実はそうであり、その影響は、たとえば工業界に、利潤を排棄物処理につぎこむことを要求するといった直接的なものばかりではないのである。成長ポテンシャルをさらに低下させる要素としては、研究開発のためのエネルギーを、新製品を送りだすことから環境問題の解決へと転用しなければならないことがあげられる。ある問題に生態学的原因を求めるのはいいが、必ずしも殺虫剤反対のように妥当なケースばかりではない。殺虫剤の場合は、本来害虫管理の有効な手段であったものが、生命圏（バイオスフィア）にたいする無差別兵器に転じてしまったのである。疑問のある例としては、合衆国に石油を送りこむアラスカパイプラインの基本設計について、何人かの生態学者が欠陥を指摘したことがあった。彼らの反対にはそれなりの正当性があったのだが、それにひきつづいたすさまじい、仮説的論争のあおりで建設が遅れ、一九七四年の石油不足は、石油産出諸国による価格つりあげの結果ではなく、おもにこの建設遅延のためだったといわれるほどの影響をおよぼした。遅延による失費(コスト)は三〇〇億ドルと見積もられている。人間生態学を政治目的で適用すると、人間と自然界との和解促進に役立つよりも、こうした皮肉な結果を招く可能性もあるわけだ。

二番目の特性にはいると、ガイアの健康にとって重要なのは地球のどの地帯だろうか。そこならなくなっても〈彼女〉がやっていけるというのはどのあたりだろう。この問題に関しては、すでにいくつか有益な情報がはいっている。地球上の北緯四五度以北と南緯四五度以南の地域は、氷河作用をうけて、寒冷期には膨大な氷と雪が陸を不毛化し、ところによっては岩盤もろとも土壌を削りとってしまうことがわかっている。北半球温帯にある工業地帯のほとんどがこの地域に含まれるが、現在までのところ工業活動による傷あとや汚染は、氷という自然の荒廃力のもたらす被害の比ではない。そのことを考慮にいれると、ガイアは、地球表面のおよそ三〇パーセントにあたるこの部分なら失ってもだいじょうぶのようである。ただし、間氷期の氷と永久凍結地帯による現在の欠損率は、これよりはいくぶん低い。けれども、過去においては、人間の影響をこうむらない熱帯地方が、氷河期の欠損をじゅうぶん埋めあわせることができた。地球表面の中枢地帯であるこの熱帯も、今後数十年のうちに森林を裸にされてしまう公算が大きいが、もしそうなった場合、つぎの氷河期を確実にやりすごせる保証があるだろうか。一般に環境および汚染問題は、工業諸国だけのものと誤解されやすい。こうしたとき、バード・ボリンのようなその道の権威が、熱帯降雨林の破壊状況とその進行速度を報告し、その将来的な影響について論じてくれたのはタイムリーだった。たとえ人間は生きのびたとしても、複雑で精巧な熱帯森林生態系の全面的破壊が、地球上の全生物からさまざまな機会を奪うことにつながるのはまちがいない。

## 3——ガイアの健康を保つために

適者生存の原則にしたがって、つぎのふたつの道すじのうちのどちらになるかが自然淘汰されてゆくのは確実だろう。つまり、最大限の人口が、半砂漠的環境のなかで最低限の生活レベルをようやく維持してゆくか——極限的な生活保護社会——、あるいは、もっと人口の少ないより安価な社会システムか、である。テクノロジーがこのまま発達していった場合、何百億という人口を擁する世界が可能かどうかを問う前に、はたしてそれが耐えられるものかどうかを問題にしなければなるまい。そのような混雑した世界の全住人にいやおうなく押しつけられる規格化、自己統制、個人的自由の放棄は、今日の基準からすると、多くの人びとがとうていうけいれがたいほどのものだろう。しかしながら、現在の中国およびイギリスの状況は、高度の密集生活が不可能ではなく、また必ずしも不快なものでないことを示している。世界的なスケールでこれを成功させるには、ガイアのなかでわれわれの地球的限界がどのていどのものか、明確な理解と認識が必要だろうし、惑星の健康を左右する重要地域の保全のために、細心の注意が払われねばなるまい。

もし運がよければ、ガイアの体内器官のうちもっとも重要なものは地表面にはなく、沼地や湿原、そして大陸棚の泥のなかに隠されているということがわかるだろう。炭素の埋没が自動的に酸素濃度を調節し、重要諸元素が大気中に送りかえされるのは、それらの場所においてなのである。地球とそうした地域に関してもっとも多くのことがわかるまで、重要であろうとなかろうと、それらの地域には開発の手をのばさないほうが無難だろう。

もちろん、ほかにも予想外の重要地域がないとはかぎらない。たとえば、嫌気性微生物によるメタン放出がどのていど重要かはわかっていない。第五章で述べたように、メタン生産は酸素調整の鍵をにぎっているかもしれないのだが、これら嫌気性集団のあるものは海底ではなく、われわれ人間や他の動物たちの腸のなかに住んでいる。大気圏の生化学におけるその先駆的研究のなかで、ハッチンソンは、大気に含まれるメタンのほぼ全量がこの腸内嫌気性生物を源としているという説を唱えた。歴史上のある時点で、われわれの腸内でつくられたメタンその他のガスが、決定的役割をはたしたことはじゅうぶん考えられる。たかがおならと思うかもしれないが、この問題に関していかにわれわれが無知かをよくあらわしているといえよう。これはまた、自分たちの最終的地位についてどんな思いいれをしていても、ときとしてわれわれがガイアの生命システムのなかで、かなり下位の機能をはたすものだということも教えてくれる。

第五章でみたような、大気中酸素濃度の調節サイクルを細かく調べてゆくと、いまだに完全な分析のおよばない複雑なループ網が明らかになってくる。ここから導きだされるガイアの第三の特性は、〈彼女〉がひとつのサイバネティック・システムだということである。調節にかかわる多くの経路は、それぞれ固有の時間定数や、技術用語で可変ループ・ゲインと呼ばれる固有の機能特性をともなっている。人類と家畜、ならびにわれわれを養う作物がしめる地球の生物量（バイオマス）の割合がふえればふえるほど全システムのエネルギー転移（太陽エネルギーその他）にたいするわれわれのかかわりは大きくなってゆく。わが種に転移されるエネルギーが増大するにつれて、それを意識していようといまいと、惑星的恒常性（ホメオスタシス）の維持に関するわれわれの責任も大きくなる。われわれがなにか自然な調節プロセスの一部に重大な改変を加えたり、なんらかの新しいエネルギー源や情報源をもちこんだりするたびに、こうした変化によって反応の多様性がせばめられ、システム全体の安定度は低まる可能性が大きくなってゆくのである。

恒常性（ホメオスタシス）をめざして作動するどんなシステムにおいても、エネルギー流や反応時間などの変化による既存の最適条件からの離脱は、修正されて、変化をとりこんだ新たな最適条件が追求されるものである。ガイアほどの経験をつんだシステムなら、そう簡単に妨害されることはあるまい。けれども、雪ダルマ式の正フィードバックや、継続的な振動といったサイバネティック的大惨事を避けるよう、われわれの歩みにはじゅうぶん注意すべきだろう。たとえば、もしすでに触れた気候制御機構がひどい攪乱をうけると、惑星的発熱状態か氷河期の大寒波に襲われる可能性があるし、ことによれば、このふたつの厄介な状態のあいだを揺れ動きつづける羽目にもおちいりかねない。

こんなことが起こるとすれば、それは人口密度が許容レベルを越えたある時点で、人間がガイアの機能を侵害するあまり、〈彼女〉が不具になってしまったような場合だろう。ある朝目をさますと、惑星管理技術者（メインテナンス）として終身雇用がきまっていたというわけだ。ガイアは泥のなかに身を隠してしまい、全地球的なサイクルのすべてを安定させておくという、息つくひまもないこみいった仕事は、われわれがかわっておおせつかるというはこびである。そうなってはじめて、われわれは「宇宙船地球号」という例の珍妙なしかけに乗りこんでいることになるわけだし、それがどんなに飼いならされていたにせよ、残された生命圏(バイオスフィア)こそ、まさしくわれわれの〈生命維持システム〉の名にふさわしいものになるだろう。人類の最適人口がどのくらいかはまだ誰も知らない。それに答えるための分析装置もまだない。現在の一人あたりエネルギー使用量から考えて、百億人以下ならまだガイア的な世界にいられるとみてよかろう。しかし、この数字を越えたあたりのどこかで、とりわけエネルギー消費が増大した場合には、宇宙船地球号なる牢獄船に永久禁固されるか、超大量死のすえ生存者にガイア的世界を残すかの最終選択をせまられることになるだろう。

## 4——人間の歴史と全地球的環境

人間の特筆すべき点とは、イルカとどっこいどっこいのその脳の大きさではないし、社会的動物としてのその散漫な発達でも、言葉をしゃべる機能や道具を使う能力でさえもない。人間の注目すべき点は、こうしたあらゆるものを組みあわせて、まったく新しい存在をつくりだしたことである。社会的に組織され、たとえ石器時代ていどの初歩的なものであれひとつのテクノロジーを身につけると、人間には情報を集め、蓄積し、処理したうえで、それを意図的かつ先見的に使い、環境を操作するという新奇な能力がそなわっている。

霊長類がアリの進化の道すじをたどって最初の理知的な巣（集団生活をさす——訳者）を営んだのは、それが地球の表情を変化させる潜在的可能性からいって、光合成酸素生産生物が何イオンも前に最初に出現したのと同じくらい革命的なことだった。そもそものでだしから、この新しい組織化は、全地球的規模で環境を改変する力をもっていた。例をあげれば、初期人類がベーリング海峡をわたって北アメリカにたどりついたとき、ごく短い時間のうちに、大型動物を中心とする多くの動物種が大陸規模で死滅したという信憑性の高いデータがあがっている。この時代には、残虐で怠惰な火追い猟というテクニックが使われていたが、これは隊列をつくっておいて森に火を放ち、風下の有利なところへ移動しながら、逃げこんでくる獲物を槍や棒切れでしとめる方法である。どうひいきめにみても、これは当時において、新しいテクノロジーの生態学的に悲惨な適用であったが、ユージン・オダムの指摘したとおり、それが大草原生態系の発達と進化につながったこともたしかである。

集合的な種としての人間の歴史をふりかえり、とくに人間と全地球的環境との関係に注目することができれば、そこには一連のくりかえしが見られる。急速な技術発展期のあとには、必ず環境の破滅のようなものがひきつづく。そのあとに、かなりの長さにおよぶ安定と、新しく改変された生態系との共存の時期がくるのである。前述のとおり、火追い猟は森林生態系の破壊を招いたが、そのあとには大草原、つまりサバンナ生態系の確立と、新たな共存期がつづいた。もっと最近の例では、デュボスの指摘するイギリスにおける囲いこみ（エンクロージャー）があげられる。これは共有地への立入りを禁じたもので、生垣の多い特徴的なイギリスの風景を生みだすもととなったが、当時は生態学的災厄とみられていた。農業が「農事経営（アグリビジネス）」へと変貌してゆくにつれ、その生垣の姿がみられなくなるといって目下さかんに嘆かれているが、デュボスがいみじくも問いかけているように、大規模な農事経営に相応した新しい生態系が、そのつぎにくるもっとも新しい技術革新の犠牲になるときには、それがまた嘆きの種になるのではあるまいか。こうした動きは〈おじいさんの法則〉と呼べるかもしれない。なにかにつけ「ものごとは昔のほうがよかった」というわけである。

新しい進化的発展が古い秩序を悩ますのは、生命の事実である。これは生命のあらゆるレベルで見ることができる。もっとも低いレベルの例をあげると、不快感をもたらすヴィールスが致死性のヴィールスに変異するときがまさしくそれで、一九一八年のインフルエンザ・ヴィールスなど「スペイン風邪」の名で世界的に猛威をふるい、第一次世界大戦の戦死者総数をうわまわる人命を奪った。火（ファイアー）アリ（アント）の集団が新しい組織化に成功して、北アメリカ大陸に侵入し、配下におさめてしまった例もある。運悪く火アリの巣を荒らしたことのある人なら、この侵略者（インベーダー）がどれほどぶあいそうはなはだしいかご存知だろう。

われわれが理知ある社会的動物として発達しつづけ、テクノロジーへの依存度をどこまでも高めてゆくことは、必然的に生命圏（バイオスフィア）の残りの部分を侵害してきたし、これからもそれは継続するだろう。人間自身の変異速度はごく緩慢なものだが、人類全体の集合的関係性の変化は、つねに増大しつづけている。リチャード・ドーキンスによれば、大小さまざまな技術的進歩は、こうした文脈からするとすべて変異に相当するものとみていい。

　われわれ人間の驚くべき大成功のもとは、環境的な問題にたいする答えを集め、比較し、確立する能力によって伝統的ないしは種族的な知恵と呼ばれるようなものを蓄積してきたことにある。しかし、もともとは世代から世代へと口承されてきたこの知恵も、いまやあきれるほど大量の蓄積情報と化してしまった。まだその自然生息地に住んでいる小さな部族集団なら、環境との相互作用は濃密で、伝統的な知恵とガイア的な最適条件づくりが衝突する場合、その食違いはすぐに判明して是正処置がとられる。エスキモーやブッシュマンといった集団が、彼らの極限的で異常な環境にもっともふさわしい、適応性の高い生活をしているようにみえるのはそのためである。われわれ都市工業社会のもたらす大仰で、より散漫な知恵に感染するほうが、そうした人びとにとっては一般に害が大きい。「文明化」されたエスキモーたちがプレハブの小屋に閑居し、ひっきりなしにタバコを吸いながら、北極圏に生きる術のかわりに、読み書き算数（ソロバン）を教わりに連れさられた子供たちの悲運を嘆く、いたましくも感動的な映画を見た人も多いだろう。

社会が都市化してゆくにつれ、生命圏(バイオスフィア)から都会の知恵袋に流れこむ情報量は、地方の地域共同体、あるいは狩猟集落に流れこむ量に比べて減少した。同時に、都会のなかの複雑な相互作用は、目をむけるべき新しい問題を生みだした。これらの問題が解決されると、そのつど解答は保管された。やがて、都会の知恵というのは、ほとんど人間関係の問題ばかりに関するものとなってしまった。それにたいして、自然な部族集団のもつ知恵の場合、他の生物界無生物界との関係に、ひきつづきしかるべき場所をさいている。

デカルトは、魂をもたないという理由で動物を機械になぞらえ、いっぽう人間には不滅の魂があるから感情もあれば合理思考もできるのだと主張しているが、これにはときどき頭をひねらされる。デカルトほど高度の知性をそなえた人が、苦痛を意識的感覚としてとらえられるのは人間だけで、馬や猫を虐待しても、テーブルのような無生物以上の認識はないのだからまったく問題にならないと信じこんでいたという。その不注意さには驚きを禁じえない。彼が本気でそう信じていたかどうかはべつにしても、この恐しい考え方が当時多くの人びとの頭にあったことはたしかで、その後も長い息を保ってきた。これは、閉鎖的な都市社会で一般に認められた知恵が、どこまで自然界から孤立してしまうものかをよくあらわしている。こうした疎外が終わりつつあること、そしてテレビで放映される多くのすばらしい博物学や野生生物のフィルムが、それにひと役買うことを期待しようではないか。われわれは現在、コミュニケーション爆発のまっただなかにおり、テレビがすべての人に世界への窓を提供する日も遠くはない。テレビはすでに、情報流の規模、速度、多様性をいちじるしく拡張し、増大させてきた。われわれはついに、中世に根ざした社会のよどみから脱け出ようとしているのかもしれないのである。

## 5——都会の科学者によるモデル操作の限界

本章では、これまでのところ、将来どこがうまくゆくかよりも、むしろどこがおかしくなりそうかを問題にしてきたが、もっと楽観的な見方もできる。ほとんどの新聞に、若者や中年層前半むけの生命保険広告がのっていて、適当な月がけ金を積み立てるだけで、六〇歳台にかなりの配当があることを約束している。それは、将来も保険会社が商売繁盛することを信じて疑わない大勢の人びとへのみつぎ物だといってもいい。大未来予言者ハーマン・カーンは、二一世紀のアメリカ人口六億、その大部分が一平方マイルあたり二千人という人口密度で生活することになるとみている。彼がそう信じ、説得力をこめて述べるところによれば、それだけの人口をささえる生活必需品はすべて無制限に供給されるし、世界全体もいまよりはるかに発展しているだろうという。実際、世界の諸資源に関する情報を集め、強力な解析手段の力を借りてそれを分析する専門家たちはほぼ全員、現在みられる人口とテクノロジーの拡大傾向は、少なくともあと三〇年はこのままつづくと信じている。

各国政府の大部分、および多くの多国籍企業は、当今こうした予測家たちの予測を買うか、自前の予報セクションをもつのがつねである。これら英才集団は、現在手にはいるもっとも高性能のコンピュータを駆使して、世界の情報を集めては再編し、得られたデータによってさまざまな仮説、あるいは最近の呼び方だと〈モデル〉を打ちだす。そうしたモデルはたえず修正を加えられて、ついには初期のテレビ画面と大差ない鮮明度をもった未来像が浮かびあがってくる。「未来学」におけることのような進展とならんで、同種のモデルを参考にして研究を進める科学者も日ましにふえつつある。実験的な計測の結果がコンピュータに入力(インプット)され、仮説からひきだされた予測と比較される。もしそのふたつがうまく合わなければ、データの誤りがチェックされるか、モデルのほうを捨てて、より適合性の高い別なモデルが採用される。もし実験データを集める科学者が同時にモデル作成者であるか、または親しい同僚にモデル作成者がいると、組合せとしては申しぶんない。頭の痛くなるようなはてしのない計算を、目にもとまらぬスピードでやってのけるコンピュータの早わざのおかげで、データとモデルはつぎつぎとつき合わされて、理論として押すにふさわしい仮説がすばやく淘汰されるのである。不幸なことに、ほとんどの科学者は都会生活を送っているため、自然界との接触はごくわずかか、でなければ皆無に等しい。地球について彼らの立てるモデルは、大学その他の研究機関でつくられたものだが、そうした場所には才能や機材は完備していても、現実の世界でじかに集められた情報という重要要素に欠けるきらいがある。そんな状況では、科学書や科学論文に掲載された情報は絶対で、もしそのなかでモデルと合わないものがあれば、事実のほうがまちがっていると想定したくなるのは自然のなりゆきだろう。そうした観点からすると、モデルに合致するデータだけを選ぶという致命的な落とし穴にはまるのもわけはない。そうしてじきに、われわれは現実の世界像――それがガイアである可能性はじゅうぶんにある――ではなく、ギリシア神話に登場するピュグマリオーンが恋をした自作の彫像ガラテアのごとき、しぶとい妄想をつくりだしてしまうのである。

私の知っているかぎりでは、船に乗りこんだり遠方まで旅をしたりして、大気や海洋、そしてそれらと生命圏(バイオスフィア)との相互作用についての観測をおこなう科学者は、都会の研究所や大学での仕事を選ぶ者にくらべてごく少数である。最前線の観測者たちとモデル作成者たちとの個人的接触はまれで、いきおい情報は科学論文の簡潔をきわめた文体によって伝えられるにとどまるが、そこではデータだけが優先されて、微妙な質的観察は除外されざるをえない。そうやってできたモデルが、ガラテア的なものばかりなのは驚くにあたるまい。

もしガイアのなかで、われわれにふさわしい生き方をしようとするならば、こうしたアンバランスは早急に是正されねばならない。世界のあらゆる側面について、正確な情報が流通することは必要不可欠である。昨日の不正確なデータにもとづいたモデルの作成は、明日の天気を予測するのに、巨大なコンピュータをもちながら先月の入力データを使うのと同じくらい馬鹿げている。イギリス気象庁のアドリアン・タックは、すべての予知科学のなかでもっとも豊富な経験と職業的熟練を有するのは、いみじくも天気予報にほかならないことをよく口にする。今日の天気予報は、前代未聞の包括性と信頼性をもったデータ収集網と、世界一のコンピュータ群と、社会のもっとも有能な人材を使っているといっていい。それでも、ひと月先の天気がどのぐらいの確実さで予測できるだろうか。来世紀の天気となったらいわずもがなである。

感覚を剝奪された人が幻覚を見るのと同じように、都会に住むモデル作成者たちは、現実よりも悪夢をつむぎだしがちなのかもしれない。コンピュータによるモデル操作に没頭したことのある人なら、そのひとり将棋のきわみともいうべきゲームをうまく続行させてくれるものであれば、どんな入力データでも使おうという誘惑があるのをみとめるにちがいない。

いまのところ、自分たちの行動がどのような結果を生むかについてわれわれがあまりにも無知であるために、有効な未来予測などというものはほとんどないに等しい。さらに悪いことには、現代世界の政治的二極化と、社会が小さな近視眼的部族単位に分裂している状況のせいで、調査や科学データの収集はますます困難になっている。前世紀のビーグル号やチャレンジャー号のような大調査行は、いまでは妨害や障害なしには果たしえないだろう。それが当たっているかどうかは別として、開発途上国はしばしば調査船を、自国の大陸棚の鉱物資源をあさる新植民地主義の手先とみなしがちである。一九七六年、アルゼンチンは、科学調査のためフォークランド諸島の沖合を航行中だったシャックルトン号にむけて発砲し、この種の憤懣を新たなかたちで具体化してみせた。同様に、個人の観測者が熱帯諸国に大気分析用器械を持ちこむことも、現在難しくなっている。科学調査までがナショナリズムの犠牲になってしまったのだろうか。その国の市民によるものでなければ「ノー」ということなのだから。そうした搾取恐怖に現実の、ないしは歴史的な根拠があるかどうかここでは問わないが、熱帯地域をしめる世界の半分の国々にそれが浸透しており、その結果全地球規模の科学調査がしだいに困難になってきていることはたしかである。

## 6――オルタナティヴ・テクノロジーの可能性

シンクタンクのメンバーたちが、来たるべき世界について適確なモデルを立てているかどうかは疑問の余地があるにしろ、近未来に関してひとつだけ確実なのは、テクノロジーの自発的な放棄がありえないということである。技術圏（テクノスフィア）とあまりにも分かちがたく一体化してしまっているわれわれがそれを放棄することは、大西洋のまんなかで船から飛びおり、あとは輝ける独立のもとに岸まで泳ぎつこうとするのと同じくらい非現実的だ。いままでに数多くのグループが、現代社会から脱けだして自然に帰ろうと試みてきた。しかし、そのほとんどが失敗に終わっているし、希少な成功例も調べてみると、つねにわれわれの残りの部分からの強力な支援があったことがわかる。ここにひとつ、ガイア的な類推がなりたつだろう。第六章でみたとおり、微生物やときにはもっと複雑な生命形態が、沸騰泉や塩湖のような極限環境を首尾よく居住地に定めるにあたっては、ガイアのなかの残りの部分が、酸素や栄養分といった不可欠要素の供給を維持してはじめてその生存が保証されるのである。個的奇行の許容は、豊かな、成功した文明のしるしとされているが、それと同じことは生物学的奇行についてもあてはまる。それらは繁栄した惑星上でこそ起こりうるものなのだ。（ちなみに、火星の苛酷な条件下に希薄な生命を探ろうとする試みが、おそらく無益であることはこの理由による。）われわれがつくりだした問題の解決としてより有望なのは、オルタナティヴ・テクノロジー、ないし適正技術（アプロプリエイト・テクノロジー）と呼ばれる動きだろう。そのなかには、われわれがテクノロジーに依存していることのすなおな認識があり、テクノロジーの行使にあたって、優美で、惑星資源にたいする負担の少ないものだけを選んでゆこうとする努力がみられる。

資源の涸渇という危機を打開しようとするとき、われわれはつねづね新聞と遠距離通信の機能を過少評価しがちである。かつてよくいわれた「新聞の圧力」のごとく、他の有力団体や組織に圧力をかけてものごとに影響をあたえる力ばかりでなく、常時あらゆる出来事を全世界に知らせるその技術的力量もみのがすことはできない。すでにみたように、環境に関する情報のすみやかな流布は、好ましからざる変化にたいするわれわれの対応時間を短縮するのに役だつ。

人類がこの惑星上のガンのようにみえたのは、そう遠い昔のことではない。われわれはどうやら、かつて人口調節をしていた疫病と飢饉というフィードバック・ループを切断してしまったらしいのだ。われわれは生命圏(バイオスフィア)の残りの部分を犠牲にして際限なく増殖し、同時に、工業汚染とＤＤＴのような化学的抗生物質が、かろうじて生きのびていた数種類の生き物たちを毒していた。その危険は、場所によってはいまなお存続している。けれども、人口はもうあらゆるところで増加しているわけではないし、産業界も環境にたいする影響には以前よりずっと意識的になっており、なににもましてわれわれの置かれた状況について大衆的な認識が高まっている。われわれのかかえた問題に関する情報の流布が、それらを解決はしないまでも、コントロールするための新たな道をひらいているといっていいかもしれない。とにかく、人口を調節するのにもう病気や飢饉という残忍な力に頼らなくてよくなったことは、両手をひろげて歓迎すべきだろう。現在多くの国々で、生活の質的向上を求めて、まったく自発的な産児制限がおこなわれているが、これは出産率が最大だったらほとんど不可能だといっていい。もちろん、これが一時的な現象かもしれず、C・G・ダーウィンの警告どおり、自然淘汰の力によって自発的人口調節のもとでは多産系の人間が優勢になり、人口はふたたびいま以上のスピードで増加しかねないということもけっして忘れてはなるまい。

情報技術における革命は、未来の世界に、いまの時点では誰ひとり想像だにつかないような変化をもたらす可能性をもっている。一九七〇年のサイエンティフィック・アメリカン誌に載った重要記事のなかで、トリバスとマッカーヴィンは、「知識は力なり」というテーマをじつに包括的に展開してみせてくれた。彼らの指摘のひとつによれば、太陽の恩恵は、通常の毎秒$5\times10^{7}$メガワット時という算定法よりも、毎秒$10^{37}$語（ワード）の情報というたえざる贈り物とみなせるという。これだけの、しかも太陽エネルギーというものをもってしても、われわれがすでにその効力限界に近づいていることはこれまでに述べたが、太陽からのこの情報の奔流を利用するわれわれの能力はほとんど無限である。新しく開発されたさまざまなハードウェアの助けを借りて、われわれは、概念空間（イデアスペース）というその豊かな情報世界にむかって、よろこばしい探険の第一歩をしるそうとしている。これがまたべつな環境妨害につながるおそれはあるだろうか。概念空間（イデアスペース）の汚染は、かつてない言語のあいまいさ、およびそのエントロピー増大というかたちで、もうすでにはじまっているのだろうか。

ものにはみな時季があり
地上の目的にはすべてしかるべき時がある
生まれるべきとき、死すべきとき
植えるべきとき
そして、植えたものを摘むべきとき

私は故郷へもどり
白日のもとにまのあたりにした
速いものが競争に勝つのではなく
強者が戦利をおさめるのでもなく
賢者がパンを得るのではなく
理解の人に富が集まるのでもなく
手に技ある者が得をすることもない
時と好機は彼らすべてに訪れるのである

(『旧約聖書・伝道之書』)

美は真理なり、真理は美なり
それがすべて
汝、地上において知る
知るべき一切を

(キーツ *Ode on a Grecian Urn*)

ガイアのなかに生きるための処方はなにもないし、決められた規則というものもない。われわれの行動ひとつひとつに、それなりのなりゆきがあるだけなのである。

## 第九章▼エピローグ

われわれの肉体は細胞の共同体によってなりたっている。
細胞核をもったそれぞれの体細胞は、
共生（シンビオシス）の度合の低い生命体の結合にほかならない。
もし、こうしたすべての共同作業の産物である人間が、
正しく巧妙に組み立てられたとき美しく見えるものだとすれば、
私たちがその同じ本能でもって、
人間を含むさまざまな生き物や、
他の生命形態の集合でできたひとつの環境の美と適合性をも
認識できると考えるのはゆきすぎだろうか。
あらゆる見通しが明るいとき、
ガイアのパートナーとしてのみずからの役割をうけいれた人間は、
下劣な存在である必要がなくなる。

## 1——思考・感情とガイア

私の父は一八七二年に生まれ、ウオンテージのすぐ南、バークシャー・ダウンズで育った。腕のいい篤農家で、同時に紳士の鑑（かがみ）のような人だった。彼が水だるにはまりこんだスズメバチを救いだしながら、こんなこと言ったのを覚えている。「こいつらにもいるからにはちゃんとした役目があるんだよ。」——そうして、スズメバチがスモモの木につくアリマキをどんなふうにおさえているかということ、その報酬として作物のいくばくかを取るのは当然だということなどを説明してくれるのである。

父には正式な宗教信条はなく、教会にも礼拝堂にも行かなかった。その道徳体系（モラル）は、田舎の人たちによくみられるキリスト教と魔術のゆるやかな混合からきていて、メーデー（五月祭）も復活祭（イースター）同様に祭礼とお祝いにあてられていた。父は本能的に生きとし生けるものたちとのつながりを感じており、木が切られたりするとたいへん苦しんだ。私自身の自然物にたいする感じ方も、田舎の小径や古い馬車道をたどった父との散策に負うところが大きい。当時、それらの沿道には、甘美な静けさが漂っていたように思う。

この章を自伝風にはじめたのは、人間とガイアの相互関係における思考や感情という、ガイア仮説のうちで、もっとも推測的でつかみにくい側面にはいりやすくするためである。

まずはじめに、われわれの美の感覚について考えてみることにしよう。われわれの自己覚醒を高め、同時にものごとの本性にたいする知覚を深めるようなものを見たり、感じたり、嗅いだり、聞いたりしたときに訪れる、あの快感と、認識と、成就と驚異と興奮と、そして憧れのいりまじった複雑な感覚——。よくいわれることには(人によっては、いやになるほど聞かされるが)、そうしたよろこばしい感覚は、ロマンティックな愛のあの不思議な感覚過敏症と切っても切れない関係にある。たとえそうだとしても、田舎道を歩いていてひろびろとした丘陵地帯を見おろしたときに感ずる快感を、必ずしも、丸くなめらかな丘と女性の乳房の丸みを結びつけるわれわれの本能的な比較のせいにしてしまう必要はあるまい。そういう考えが起こることはたしかかもしれないが、快感をガイア的に説明することも可能なのである。

われわれが生物学的な役割をはたして、家をかまえ、家族を養うことの報酬の一部には、根元的な満足感が含まれている。その務めがときとしていかにきつく、落胆をさそうようなものであろうとも、われわれは依然としてどこか深いところで、自分がしかるべき役どころを演じ、人生の本筋からはずれなかったことをよろこびをもって自覚しているものである。また、もしなんらかの理由で道を踏みはずしたり、ものごとを混乱させたりしたときには、同様に痛烈な失墜感にもさいなまれる。

われわれの本能のなかにはまた、周囲の他の生命形態との関係において、最善の役割を認知するというプログラムも組みこまれているかもしれない。ガイアのなかのほかのパートナーたちとかかわるにあたって、この本能にしたがった行動をとれば、正当と思われるものは同時に見た目もよく、われわれの美的感覚のもととなるさまざまな快感をひきおこすものだという発見によって報われるだろう。環境とのあいだのこの関係をそこなったり、その処理を誤ったりすると、われわれは空白感や喪失感に苦しむのである。幼いころの遊び場で、かつては野生のタイム（たちじゃこうそう）が咲き乱れ、のばらやさんざしの垣根がうっそうと生い繁っていた田園の平和な一画が、雑草ひとつない一面の大麦畑になっているのを見たときのショックを味わったことのある人は多いはずだ。

われわれ自身と他の生命形態とのあいだにバランスのとれた関係を達成することを促すのが、快感という報酬であったとしても、ダーウィン的な進化の淘汰として矛盾はなかろう、千年の歴史をもつ南イングランドの「ニューフォレスト」は、かつて征服王ウィリアムとそのノルマン人臣下たちの御猟場として保護されたものだが、いまなおすばらしい景観美を誇っており、夜にはアナグマが徘徊し、人や車よりポニーのほうが優先権をもっている。一三〇平方マイルにおよぶこの歴史的な古い林地とヒース原は、議会の特別条令によって保護されてはいるものの、その存続の真の代価は、われわれのたえざる監視の目だといえる。というのも、ここはいまや何千という人びとが休日のピクニックやキャンピング、観光に訪れて、年間六〇〇トンのゴミを落とすうえ、ときには不注意なマッチやタバコの投げ捨てによって、林務官と環境とのあいだで何世紀も続いてきたバランスのとれた森林管理の成果を、数時間で破壊しかねない山火事を起こすからである。

私たちの本能のうち、生存を促すもうひとつの可能性として考えられるのは、個人個人の美しさにおける適合性（フィットネス）と均整にともなうものである。われわれの肉体は細胞の共同体によってなりたっている。細胞核をもったそれぞれの体細胞は、共生（シンビオシス）の度合の低い生命体の結合にほかならない。もし、こうしたすべての共同作業の産物である人間が、正しく巧妙に組み立てられたとき美しく見えるものだとすれば、私たちがその同じ本能でもって、人間を含むさまざまな生き物や、他の生命形態の集合でできたひとつの環境の美と適合性をも認識できると考えるのはゆきすぎだろうか。あらゆる見通しが明るいとき、ガイアのパートナーとしてのみずからの役割をうけいれた人間は、下劣な存在である必要がなくなる。

適合性（フィットネス）を美に結びつける本能が生存に役立つものであるかどうかを実証するのは至難のわざだろうが、ためしてみる価値はあるかもしれない。しかし、たとえそれが証明されたとしても、鑑賞者の目を通して以外に、美を客観的に評価することができるだろうか。エントロピーを大幅に減少させる能力、あるいは情報理論の用語でいうと、生命についての問いにたいする回答の不確定性を大幅に減少させる能力が、それ自体生命の目やすであることはすでに論じた。今度は、美をそうした生命の目やすと同等のものとして設定してみることにしよう。そうすると、美もまたエントロピーの低下、不確定性の減少、そしてあいまいさの度合の低減に結びついていることがわかるかもしれない。おそらく、私たちはずっとこのことを知っていたのだろう。なんといっても、これはわれわれの内なる生命認知プログラムの一部なのだから。そのおかげで、われわれは自分を食おうとする相手のなかにさえ美をみとめてきたのである。ブレイクはそれをこううたう。

虎よ、虎よ、輝き燃える
夜の森のなかで
どんな神の手、あるいは眼が
汝の怖ろしい均整をつくり得たのか

どんな海や空のかなたに
汝の眼の炎が燃えていたのか
いかなる翼で神はあまがけり

いかなる手でその炎を捉えたのか。

（土居光知訳『ブレイク詩集』創元社より）

プラトンの説いた美の絶対律も、こうしてみるとたしかに意味をもっているのかもしれないし、生命の本質に関する確信という到達不可能なものとの対比において理解することができるかもしれない。なぜ世界内のすべてのものに目的があると信じていたのか、父はいちども語ってくれなかったが、田園についての父の考え方や感じ方は、本能的直観と観察と、伝承的な知恵との混合にもとづいていたにちがいない。これらは今日でも、薄められたかたちで私たちの多くのなかに残っているし、社会の他の圧力団体と拮抗する勢力とみなされるようになってきた環境保護運動の原動力になるだけの力をもっている。その結果、一神教的な諸宗派や、新種の異教であるヒューマニズムやマルキシズムは、彼らの宿敵、ワーズワースのいう「陳腐な信仰のなかで育った」異教徒（パガン）が、私たちのなかに依然として息づいているというありがたくない真実と直面するはめになるのである。

## 2――パートナーの一員としての人間

かつて、疫病と飢饉が人口調節をしていたころには、あらゆる手だてをつくして病人を治し、人命を保護しようとすることが正当で、理にかなっているようにみえた。この姿勢がのちに固定化して、地球は人間のためにつくられており、人間の必要や欲望が最優先されるのだという確信に変わってしまったのである。権威主義的な社会や組織にあっては、森林の皆伐や河川のせき止め、都市の建設などの正当性や優先価値を疑うことは馬鹿げている。もしそれが人間の物質的繁栄につながるものならば、それは正しいとされるのだ。賄賂や腐敗を防止し、受益者間の公正なシェアを保証するのに必要なもの以外、道徳の問題などまったくかかわってこないのである。

今日、砂丘や湖沼や林地、そしてときには村までがブルドーザーによって破壊され、地球のおもてから拭い去られてゆくのを目のあたりにするとき、多くの人びとが感ずる痛みは非常にリアルなものである。このような姿勢が保守的であり、また新しい都市開発は若者たちにさまざまな職や機会を提供するだろうと聞かされても、いっこう気やすめにはならない。そうした回答が部分的にはあたっているという事実のために、表出できない痛みや怒りはなおさらつのってゆく。このような状況を考えると、環境保護運動がいかに力づよくとも、明確な目標をもっていないことは驚くにあたらない。現行の農業メソッドの大部分に潜在する、より深刻な問題は見のがしておきながら、フルオロカーボン工業やキツネ狩りという的はずれな対象に襲いかかる傾向があるのである。

公共事業や私企業の悪質な不謹慎を見たときに湧き上がる強い、ただし混乱した感情は、破廉恥な人心操作専門家たちのかっこうの餌食となる。環境政策は、扇動政治家たちの新しい豊かな餌場であり、したがって、責任ある政府や企業にとってはつのる不安の源泉である。問題のさまざまな側面をあつかう部局や機関に、「環境」という手あかのついた言葉を付しても、怒りや抗議の波をせき止めることはできまい。

環境運動の裏づけとして、しばしば、健全な科学的根拠をもつかにみえる生物学的論法が用いられるが、それらはふつう科学者にとってはとるにたらないものである場合が多い。生態学者たちは、現在までのところ、人間の諸活動のどれをとっても、生命圏(バイオスフィア)の総生産力を縮減している兆候がないことを知っている。ひとりの生態学者が、切迫した問題に関して個人的にどう感ずるにしろ、確固とした科学的データがなければ手も足もでない。その結果が、行き場のない、とまどった、怒れる環境保護運動となっているのである。

宗教やヒューマニズム運動の諸派は、環境保護キャンペーンのもつ強烈な情動力を感じとって、みずからの教義信条に、環境運動を考慮にいれた手直しを加えている。キリスト教に説かれる〈世話役(スチュワード)〉の考え方が、新たに見直されているのもその例である。人間が、魚や鳥をはじめ生きとし生けるものすべてを統制することを許されるのは変わらないが、地上のよき管理を神から委託されていると解釈する点が新しい。

ガイア的な見地からすると、人間にたいする生命圏（バイオスフィア）の服従を合理化するいかなる試みも、善意の植民地主義というそれに類した概念同様、破綻の定めをまぬがれない。どれもみな、人間がこの惑星の占有者だと決めてかかっているからである。たとえばその持主ではないにしても、借用者というわけだ。オーウェルの『動物農場（アニマル・ファーム）』の寓意は、あらゆる人間社会が大なり小なり世界を自分たちの農場とみなしていることを考えると、いっそう深い意味合いをおびてくる。しかし、ガイア仮説が示すのは、わが惑星の安定状態が、人間をひとつの高度に民主的な存在の一部として、あるいはそのパートナーとして含むということにほかならない。

## 3——ガイアと知性

ガイア仮説に具現化されたいくつかのむずかしい概念のひとつに知性の問題がある。生命そのものと同じく、いまのところ知性は分類づけることができるだけで、完全に定義はできていない。知性とは生きたシステムの特性で、設問に正しく答える能力に関係している。とくに、そのシステムの生存、およびそれが属するシステム集合の生存にかかわる環境条件への対応は重要である。

細胞レベルでいうと、遭遇したものが食べられるかどうか、環境が自分にとって好都合か危険かの決定は、生存の決め手となるものである。けれども、それらは自動的なプロセスで、意識的な思考を必要とはしない。それが細胞であれ動物であれ、あるいは生命圏（バイオスフィア）全体であれ、恒常性（ホメオスタシス）を維持する日常的操作の大半は自動的なものだが、環境についての情報を受けて正しく解釈するには、たとえ自動的なプロセスのなかでもなんらかの知性が必要とされることは理解されねばならない。「暑すぎるか」とか、「呼吸するにじゅうぶんな空気があるか」といった単純な問いに正しく答えるためにも、知性は必要なのである。もっとも初歩的なレベル、つまり、第四章でとりあげた、オーブン内部の温度に関する問いに適確な回答を与える幼稚なサイバネティック・システムのようなものでさえ、ある種の知性を必要とする。事実、あらゆるサイバネティック・システムは、少なくともひとつの問いに正しく答えなければならない点で知性的だといっていい。もしガイアが実在するとすれば、〈彼女〉が最低この限定された意味において知性的であることに疑いの余地はない。

　知性には一定のスペクトルがあって、前例のようなもっとも初源的なものから、難解な問題を解くときのわれわれの意識的および無意識的な思考のようなものにまでわたっている。第四章では、われわれ自身の体温調節システムの複雑さをのぞいてみたが、そのなかでも主眼は、完全に自動的で、意識的な行為を必要としない部分にあった。料理オーブンのサーモスタットにくらべれば、体温の自動調節システムは天才的な知性をそなえているといっていいが、それでも意識のレベルには達していない。体温調節機構の知性は、ガイアが用いていると思われる調節メカニズムのレベルで理解されるべきものなのである。

意識的思考と覚醒の能力を有する生物には(この能力が脳の発達のどの段階で発現するかはいまだに誰も解明しえていない)、そのうえに予測認識という可能性がそなわっている。樹木は冬にそなえるのに、葉を落とし、内部の化学作用を変化させて霜害を妨ぐ。ただしこれはすべて、木に代々継承されてきた一連の遺伝子的指令に含まれる蓄積情報にしたがって、自動的におこなわれるものである。いっぽうわれわれは、六月にニュージーランドに行くとなれば、それにそなえて暖い服を買いこむだろう。これに用いられる情報は、われわれが種という集合体として集めてきたもので、われわれ全員が意識レベルにおいて入手できる。現在まで知られているかぎり、われわれは、このような複雑な方法で情報を収集し、たくわえ、それを利用する惑星上唯一の生き物である。もしわれわれがガイアの一部だとするならば、つぎのような興味ぶかい問いが成り立つだろう。「われわれの集合的知性は、どのていどまでガイアの一部でもあるのだろうか。種としてのわれわれは、ガイアの神経組織、および意識的に環境の変化を予測することのできるひとつの頭脳を構成しているのだろうか。」

好むと好まざるとにかかわらず、われわれはすでにこうした機能をはたしはじめている。たとえば、直径一マイルあまりで、地球と交差する変則軌道をもったイカルスのような小惑星を考えてみるといい。いつかある日、天文学者たちから、そんな惑星のひとつが、数週間以内で地球と衝突するコースで近づいてきているという警告が発せられるかもしれない。そのような衝突のもつ潜在的打撃は、いかにガイアといえども重大なものだろう。この手の事故は、おそらく過去の地球を襲い、大きな被害をもたらしたにちがいない。しかし、現在のテクノロジーをもってすれば、われわれ自身と惑星とをそうした惨事から救うことも可能である。広大な宇宙空間を横切って物体を送り、その運動を奇跡に近い正確さで遠隔操作するわれわれの能力に疑問はない。計算によると、水素爆弾の備蓄のいくらかと、それを運ぶ大型ロケットを使えば、イカルスのような小惑星のコースをうまくそらし、直撃をニアミスていどにおさえられることがわかっている。もしこれがとっぴょうしもないサイエンスフィクションのように聞こえるとしたら、われわれの短い一生のうちでさえ、昨日(きのう)のSFがほとんど日常的な現実となっていることを思い出してみるといい。

また、気象学の進歩によって、ことさら厳しい氷河期の接近が予知されることもじゅうぶん考えられる。第二章でみたとおり、もういちど氷河期が来ても、われわれにとっては大災厄となるかもしれないが、ガイアにとってはそれほどの大事ではなかろう。けれども、もしわれわれがガイアの不可欠部分としてのみずからの役割をうけいれるならば、われわれの苦しみはガイアの苦しみであり、氷河期の脅威は共通の危険として分かち合われるはずである。現行の工業文明の枠内で可能な対応策のひとつは、大量のクロロフルオロカーボン群を生産し、大気中に放つことだろう。現在、空気中に一〇億分の一の存在比で含まれるこの物質は、さまざまな論議の的となっているが、濃度がいまの何十倍かに達すると、二酸化炭素同様、地球から宇宙への熱放散を防ぐ温室ガスとしてはたらく。その結果、氷河期の到来は完全に食い止められるかもしれないし、少なくともその影響を大幅に緩和することができるにちがいない。それにともなって、クロロフルオロカーボン群がオゾン層に一時的損傷をあたえる可能性があるとしても、比較的にみればささいな問題と考えていい。

## 4――われわれの中のガイアのめざめ

いまあげたふたつは、ガイアを襲う可能性のある大規模な危機のうち、将来われわれが〈彼女〉に救援の手をさしのべることのできる例である。それよりもさらに重要なのは、技術的な発明の才と、精妙化の一途をたどるコミュニケーション網をたずさえたホモ・サピエンスの進化が、ガイアの知覚域を大きくひろげたことだろう。いまや〈彼女〉は、われわれを通してめざめ、彼女自身を自覚しているのだ。〈彼女〉は、宇宙飛行士たちの目や周回軌道にのった宇宙船のテレビカメラを通して、自分の美しい面影をながめた。われわれの驚きや楽しみ、意識的思考や推察の能力、あくことなき好奇心や内的衝動は、同時に〈彼女〉のものである。ガイアと人間とのこの相互関係は、まだけっして完全に確立されたものではない。個的な生き物であるわれわれは、いまだ真に集合的な種ではなく、生命圏(バイオスフィア)の不可欠部分として囲われ、飼いならされた存在にはなっていない。人類の天命は、そうした意味で飼いならされて、同族意識や国家主義(ナシヨナリズム)の激しく、破壊的で、貪欲な力を、ガイアを構成するすべての生き物の共同体に所属しようという強い衝動のなかへ溶解させてしまうことにあるのかもしれない。それは屈従のようにみえるかもしれないが、われわれ自身がより大きな存在のダイナミックな構成部分であることを知ったときの幸福感と充足感は、小さな利己的自由の損失をおぎなってあまりある報酬だといえよう。

おそらく、そのような天命をさずかった生物種はわれわれが最初ではないだろうし、また最後ということもあるまい。ほかの候補者としては、われわれより何倍も大きな脳をもった大型海中哺乳類のなかのどれかがあげられるだろう。機能のない組織は、進化の道すじのうえで縮小してゆくのが生物学の常識である。自己の効能を最大化するシステムにおいて、足手まといの器官は存在しえない。だとすれば、マッコウクジラの巨大な脳には理知的な使いみちがあるにちがいないし、その機能レベルはわれわれの理解をはるかに超えていることも考えられる。もちろん、クジラの脳が、海洋生活圏の多次元性というような、比較的ささいな理由で発達した可能性もあるだろう。たしかに、多次元にわたるデータの貯蔵ほど記憶スペースをとるものはない。それとも、クジラの脳はひょっとしてクジャクの尾のようなもので、つがいの相手を魅きつけ、求愛の快感を高めるための、心理的な誇示器官と考えるべきなのだろうか。もっとも刺激的な余興（エンターテインメイト）のできるクジラが、最高の相手を選べるというわけだ。そのほんとうの説明がなんであれ、またそれがどのようにして発達したのであれ、クジラとその脳の大きさで肝腎なのは、大きな脳はほぼ確実に多機能をこなせるという点である。発達のきっかけは特殊だったかもしれないが、いちど出現してしまうと、他の可能性の開発は避けられないものとなる。たとえば、人間の脳は、試験に通るための自然淘汰用の武器として発達したわけではないし、まして現在の「教育」ではっきりと要求されている記憶力などの心理的離れ技を演ずるために発達したものでもない。

情報をたくわえ、処理する能力をそなえた集合的生物種としては、われわれはおそらくとうの昔にクジラをしのいでいるだろう。けれども、個人としてみた場合、われわれのなかで鉄鉱石から鉄棒をつくれる者が何人もおらず、鉄の棒から自転車をつくれる人間となったらさらに少ないことは忘れられがちである。個体としてのクジラも、われわれの理解もおよばないような複雑な思考能力をもっているかもしれないし、その発明力をもってすれば自転車ぐらいわけもなく思い描けるのかもしれない。が、必要な道具と、技巧と、ノウハウの永久的蓄積がないために、クジラにはそうした考えを具体的なハードウェアに転ずることができないのである。

動物の脳とコンピュータを比較するのは賢明なことではないが、そうしたくなる場合も多い。試みにこの誘惑に屈して、われわれ人間が、あまりある付属物(アクセサリー)に埋もれている点で他のどの動物種とも異なっているという考えにひたってみよう。そうした付属物(アクセサリー)によって、われわれは個的にも集合的にも、相互のコミュニケーションと知性の表現ができるのであり、その結果としてハードウェアを生産し、環境に修正を加える力をもつのである。われわれの脳は、相互に直結され、記憶(メモリー)バンクやほとんど無限のひろがりをもつセンサーや末端装置、他の機械類などに接続された中ぐらいの大きさのコンピュータになぞらえることができる。それにくらべてクジラの脳は、ゆるやかに相互接続されてはいるが、外部コミュニケーションの手段をほとんどもたない大型コンピュータ群といっていい。

もし過去の狩猟民族のなかに馬肉を好むものがあって、単なる食欲の満足のために、一頭残らず組織的に狩りたて、地球上から馬を絶滅させたとしたら、われわれはどう思っただろう。野蛮、怠惰、愚か、利己的、残虐——などの形容詞が頭に浮かぶ。それに、馬と人間の協力関係の可能性を認識できないとは、なんともったいないことか！　捕鯨諸国が、自国の遅れた工業の原料としてぜひとも必要だと主張する鯨製品の供給をたやさぬために、クジラを間引いたり、飼育したりするだけでも、けっしていいこととはいえない。まして、もし絶滅に追いこむまでむやみに狩りたてたとしたら、それはまぎれもなく一種の大量虐殺（ジェノサイド）であり、マルクス主義・資本主義を問わず、血のかよったハートもなく、その罪悪の重大さも理解できない、国家官僚主義の怠惰と狭量を告発されねばなるまい。けれども、まだ彼らがみずからの誤ちに気づくのに遅すぎることはなかろう。おそらくいつの日か、われわれがガイアと分かち合う子どもたちは、海洋の大型哺乳類と平和のうちに協力し、かつて馬が地上を運んでくれたように、クジラの力を借りて、精神（こころ）のなかをどこまでも速く旅することだろう。

訳者後記にかえて

# 体験的ガイア論

星川 淳

この本を手がけてみようかな、と考えはじめたころ、ぼくは北カリフォルニア山中の小さなコミューンのそのまたはずれで、ひとり暮らしをしていた。標高一千メートル近いわが家から、西には太平洋までえんえんとひだをなす海岸山系が青くかすみ、まわりは四方ぐるりを国有林にかこまれて、人里までは林道を二〇キロメートル。とにかく雄大な、しかもかなり生(なま)の自然と、ときには命がけでむかいあう生活だった。煮炊き暖房はすべて手ノコで切った薪。わずかな湧水を飲み、玄米と完全粉と豆類を主食に、夏は四〇度をこす炎天下でささやかに作物を育て、冬は雨と雪と嵐のなか、ひたすら内(うち)にこもって、自分の内部や周囲の生命の声に聞きいる以外これといってやることもない。とりたてて瞑想というようなものをしなくても、つねに感覚がとぎすまされて、あたりの人や生き物や精気(スピリット)たちに敏感に反応していたように思う。

それ以前から、地球上の生命がなんらかのかたちでつながりあい、惑星全体でひとつの集合意識ないし集合無意識のようなものを形成しているという直観はあったし、そうした仮説もいくつか目にして共感をおぼえていたが、この山での経験によって直観は実感に変わった。植生をみると、もともとは樫(オーク)やモミ、松をはじめ、マンザニータ（うばうるし）、マドローン（にしきぎ）などが全山をおおう原生林をなしていたとおぼしきものが、伐採や放牧によって衰退し、ひどいところはまったく裸の山肌が露出して、風化の一途をたどっている。そんな裸地と林の境界は、はじの樹々が枯れてゆくことによってじりじりと後退しつつあり、なかでも松は世界的な傾向として（大気汚染を主因とする説が強い）絶滅があやぶまれるほど弱っている。森林の衰退とともに土壌の保水力も落ち、土地全体に水分が少なくなって、砂漠化の確実な進行が肌で感じとれる。過去の諸文明が、誤った土地利用によって基盤となる土壌を疲弊させ、荒涼とした砂漠を残して滅びていったという生態学の理論そのものだ。

ゆっくりとではあるが確実に滅びゆく森の悲しみは、樹々のたたずまいのなかに、冬の雨期だけの渓流のせせらぎのなかに、そこはかとなく漂っている。毎日のようにつきあっていれば、地域の生態系が全体として人間の存在とその営為に気づき、反応しているのがはっきりと感じとれるのだ。このことは、ある嵐の日の体験で、いっそう強くぼくのなかに焼きついた。

そのコミューンの住居は、ほとんどが「ヤート」と呼ばれる丸いテント小屋である。モンゴルの遊牧民たちが使う「パオ（包）」という伝統的な可動性シェルターを現代風にアレンジしたもので、細い角材や丸太とキャンバスでできている。内と外とをへだてるものが布きれ一枚だから、雨や風となればその生々しいこと。荒れ狂う風のひと吹きひと吹き、たたきつける雨のひと粒ひと粒が身にしみる。その日も典型的な冬のストームで、雪まじりの雨が、風といっしょにわがヤートのまわりを舞い踊っていた。ヤートのなかはストーブを焚き、掘ゴタツをしつらえて暖かいのだが、ぼくのヤートはうしろ半分を斜面に埋めた半地下式の趣向で、まだ猫もいなかったせいか食物あさりの野ネズミがうるさい（もとはといえば彼らのテリトリーにこちらが勝手に侵入したのだからしかたがない）。そのときも、クルミの殻かなにかをしきりにカリカリやっていた。追いはらっても追いはらってもしつこくかじっているので、半分あきらめてその音を聞いていると、驚くべし、そのネズミのカリカリと外の嵐がヤートの屋根に吹きつける雨音とが完全に同調（シンクロナイズ）しているのだ。そんなことがありうるだろうか？ かたほうは気象という大気圏の動きだし、かたほうは地中でただひたすら自分の食い物に夢中になっているネズミの行動だ。しかし、よくよく耳をすませて聞きなおしてみても、その同調性（シンクロニシティ）には一分の狂いもない。これにはまいった。

空模様まで含めて、（広義の）生命圏（バイオスフィア）がほんとうに、現実に、ひとつの有機体としてつながりあっていることをこれほどはっきりと思い知らされたのはこのときがはじめてだった。そしてもちろん、このなかには、聞き手であり、同じ嵐という事態を共有しつつその発見に息をのむぼく自身も包含されている。宇宙の一体性を体感するのが悟りならば、これはぼくにとってささやかな悟りだったといえるだろう。それ以後、自然を見たり感じたりするというよりも、自分もその一部となってものごとを感ずることができるようになった。ガイアとの出会い、いや合一である。

そんな感覚をひらいたまま山歩きなどしていると、砂漠化の悲しみにもまして、地球上の全生命を遺伝子レベルでおびやかす放射能の脅威に、山の精気(スピリット)たちが心を痛めていることまで伝わってくる。それは、ぼく自身の潜在意識あたりに発するものなのか、ほかの多くの人びとを含めて、さまざまな生き物たちの集合的不安なのか区別のつけようのない、〈惑星の心〉とでも表現するのがいちばんふさわしい作用と思われた。たとえば、ふだんならすがすがしいはずの散歩や薪とりから、そんないいようのない気持を抱いてヤートに帰り、なんの気なしにラジオをつけてみると、あろうことか、そこでも核戦争の現実的脅威をとりあげた特別番組のなかで、語り手の声が同じ不安に震えている。そのころ、連載中のエッセイに書いた一節は、ぼくのそうしたガイア体験を生々しく反映してこういう。

◉　◉　◉

私はガイア、地球の声
この惑星の生命圏内に生きるあらゆるものたちを集約して語ります
いま〈私〉は、なんとも放置できない気がかりに脅かされています
〈私〉はあなた方の乗っているこの地球という星(のりもの)
〈私〉は大地
山であり、岩であり、平野であり、砂漠であり

そこに住むすべての生物(いきもの)たちを含んだ豊かな土壌であり
そこを惑星の血液のように重力にのって流れる水であり
あなた方が目にするあらゆる動植物、有機生命現象であり
そこを交錯するエネルギーであり
そして、ひとつの星の生態系全体の花ともいうべきこの〈意識〉という波動態でもあるわけですが――

その〈私〉が感じている不安とは、おもにあなた方人類とその存在営為にかかわっています。
まずひと言でいえば、それは地殻も含めて生態系全体があなた方にたいして拒絶反応を示しかけていることです。

遠く星間にもとを発する〈私たち〉は、現在の太陽のまわりをまわりはじめて以来、この地球という星の進化をすべて経験してきました。いまこのようにメディアを介して意思交流できる段階まで達したのは、ひとえに意識生命を身ごもり、生み育ててきたたまものでしょう。けれども、あなた方人類の一部が産業革命を経過したあたりから、ひとつの徴候が見えてまいりました。物理現象を操作する技術に酔いはじめたのです。

最初は純粋なよろこびであったその酔いが中毒に変わり、多くの人びとを冒した例は過去にもあ

りましたが、このたびもあなた方が石油文明のうえで原子核エネルギーに手をだすところまできて、システムの自己破壊傾向（パターン）と生命維持進化の勢力（フォース）が矛盾を強めつつあります。

あなた方をとりまく生態系をごらんなさい。とりわけ、あなた方との共生（シンビオシス）で飼いならされている度合のすくない生（なま）の自然に触れ、そこに息づいている精気（スピリット）たちの声を聴けば、〈私〉がいま伝えようとしていることはおのずと感得できるはずです。

いまや、あなた方の存在は〈私たちすべて〉にとって危険なものとなっています。あなた方の存在のしかたが、あなた方以外の生命を必要以上に脅かし、破壊しているからです。いままではそのことにさほど注意を払わなくとも、種としての絶対数と影響力が許容範囲内にとどまっていたために、あなた方は生命圏の揺りかごのなかで無邪気に遊びたわむれ、子供らしい興奮やよろこびにもひたることができました。けれども、遺伝子や核力という生命現象の中枢を操作する能力を得、そのおまけとして遺伝子プール全体を汚染する力まで身につけたいま、あなた方は種としても個としてももっとはっきりと自己の位置、ふるまい、影響を自覚しなければなりません。

〈私〉は、あなた方が自由や幸福やよろこびを恋い願い、追求し、実現することじたいにはまったくなんの異存もありません。あなた方は〈私〉であり、あなた方の波動レベルが高まれば高まるほど、〈私〉も光である源（オリジン）の至福へ近づいてゆくのですから。あなた方の本来祝福された存在と英知を疑う必要はありませんが、幼年期の終わりにあたって克服しなければならない無知に気づきなさい。

むずかしいことではありません。自分が地圏、生命圏、大気圏をあやなす〈私〉という生態の一部であることを認識し、〈私たちすべて〉の健全な進化をめざしてくれればいいのです。あなた方の未開な文明が、その逆に生命を抑圧し、殺害している現状を打開してください。さまざまな環境汚染、なかでも放射能による汚染は〈私たちすべて〉にたいする脅威です。熱核戦争の危険と、放射性廃棄物を未処理のまま放棄しているという事実の原因をつきとめ、解決の努力工夫をすること。これがあなた方現行人類にさずけられた公案です。

◉　◉　◉

本書を読み終えた読者なら、ラヴロックのいう地球生命体ガイアと、ぼくの感じとったガイアとのあいだには微妙なズレがあることにお気づきだろう。大気分析とシステム論から導きだされたラヴロックのガイアは、どちらかというとしたたかで、熱帯降雨林と大陸棚さえしかるべく保護されていれば、従来ていどの工業汚染どころか、氷河期や核戦争ぐらいではたいした影響をうけない。それにたいして、ぼくの体感するガイアはもっとずっと繊細で傷つきやすい。ぼくが同調(チューン・イン)しているのはガイアの感情ないし意識活動に近く、ラヴロックの総論的な記述が、ガイアの生理あるいは肉体活動を中心としているからかもしれない。〈彼女〉もやはりひとりの女にふさわしく、感情的にはもろいが実際には意外とたくましい生き物なのか。ともあれ、ガイアの存在を認識し、さらには実感してゆくことは、われわれのコスモロジーに大きな転換をもたらさずにはおかない。

ラヴロックが美しく表現しているように、アポロ宇宙船の乗組員たちの目をとおして、そしてひきつづき、フィルムや写真を見た地球上の大部分の人びとの目をとおして、ガイアははじめて自分の姿を眺めた。〈彼女〉は自分にめざめたのだ。その自覚の感動は、ぼくたちの多くが、あの青く輝く地球の写真を最初に見た瞬間に分かちあったと思う。

とりわけ、それを大胆に文化潮流のなかへもちこんだのが、漆黒の宇宙空間に浮かぶ地球を表紙にかかげた『全地球カタログ（*The Whole Earth Catalog*）』だった。一九六八年に初版されたこの電話帳のような対抗文化（カウンターカルチャー）の百科全書は、当初からガイア的な意識を軸に、人間が惑星生態系との調和のうちに生きるためのガイドブックとして、アメリカをはじめ全世界の若者たち（実際の年齢よりも精神のしなやかさにおいて）に強烈なメッセージを発した。ぼく自身、この本をはじめて手にしたときの感激は忘れない。「このように生きるしかないのだ」という確信と決意のいりまじったようなものを胸に、ページをめくったことをおぼえている。

いま思えば、ああした本が出たということじたい、ガイアのサイバネティックスの一端なのかもしれない。われわれ人間とその表現行為も、まちがいなく〈彼女〉のはたらきに含まれているのだから——。あれから十年あまり、いまなお変わらぬ編集方針のもとに自然なライフスタイルを提唱しつづけている全地球カタログの最新版 *"The Next Whole Earth Catalog"* の巻頭第一冊めが本書であること（このカタログは本の紹介を基軸としている）も、ガイア的な文脈からするとあながち偶然ではあるまい。

訳しながら、本書の内容が予想以上に地味なことには驚いた。けっしてセンセーショナルな本ではないし、「どんな本を訳してるの？」と聞かれても答えにとまどってしまうほど、ガイア仮説そのものが当然といえば当然なのだ。生命の介在なくしてはありえない地球大気の特異な化学組成を、ひとつひとつ詳説してくれるのもありがたいが、本書の真価はそれらディテールよりも、昔から人間がそれとなく気づき、多くの人びとのなかでは暗黙の了解となっているガイアの存在を、ことさらに科学的仮説としてもちだしてくれたことにある。それが意識的な認識として定着し、その認識ないし実感にもとづいた生き方がひろがってゆくことこそ、われわれすべてであるガイアの望むところにちがいない。

そうした意味で、本書をガイア意識の総論とすれば、これにひきつづく各論として、読者が工学、化学、生物学、生態学、農業、社会学、政治経済学、哲学などの諸分野で思索と実践を深めていってくれることを期待したい。もちろん、日常生活においてエコロジカルな微調整をしてゆくことは大切だろう。

そんななかで、ぼくがとくに注目するのは、第八章でラヴロックもちょっとふれている適正技術という新しい分野の動向である。適正技術とは Appropriate Technology（A・Tと略称されることもある）の訳語で、ひと言でいうと、既存の科学やテクノロジーを、自然と人間が調和のうちに共存するような方向で用いてゆくための技術体系をさす。これまでにもオルタナティヴ・テクノロジーや中間技術（Intermediate Technology）という名前で提案されたり、そうした方向づけそのものをソフトエネルギー・パスと呼んだりすることがあったが、適正技術はそれらを総括して、工学から心理学まで幅ひろい領域をバックに、人類とその文明がいかにしてガイアのよきパートナーでありうるかという、まさにラヴロックの提起するテーマと真正面からとり組んでいる。さきほどの〈ガイアの声〉にいう「現行人類にさずけられた公案」を解こうとする努力である。

七〇年代、アメリカを中心にはじまったこの分野、最近では政府のなかに部局として設置されたり（カリフォルニア州適正技術局など）、進歩的な大学で工学や環境科学の専攻コースとして人気を集めたり、世界各地でのエコ開発（大量のエネルギーと資本に依存した強引で破壊的な開発ではなく、ガイア的な適正開発のアプローチ）の試みにとりいれられたりして確立され、本領を発揮しつつある。太陽熱に代表される各種の再生可能エネルギー、地力を育成するとともに良質の食糧生産をめざした有機的な農業技術、地域生態系との共生（シンビオシス）にもとづくコミュニティーの再建など、都市部農村部をとわず、また先進工業諸国でも第三世界でも、適正技術の応用範囲はひろい。テクノロジーの成果は生かしながら、しかも、必然的に原子力を正当化してしまう従来の巨大技術にかわる道を探求しようとする人びとに、適正技術は創造的なヴィジョンをあたえてくれるだろう。あいにく、日本では紹介も研究も遅れているが、工学系の若い学生、エンジニアのみならず、多くの人にぜひとも目をむけてほしい分野である。数すくない参考文献のひとつとして、訳者が監修にあたった『全生命のためのテクノロジー』（めるくまーる社刊）をあげておく。

本書の翻訳は、鹿児島の南方に浮かぶ聖域屋久島でおこなわれた。ガイア的な生き方に深入りすればするほど、東京のような大都会は生理的に耐えられず、清らかな空気と生（なま）の自然を求めて、隠居暮らしのような生活ばかりするようになってしまうのはぼくばかりではあるまい。二千メートル級の深山を擁し、その奥には樹齢数千年の屋久杉がひっそりとたたずむこの島。ひと月に三五日ふるといわれる多雨が、無数の清流となってたえず島全体を洗い、海は澄んで美しい。沖合では年間を通じてサバがとれ、ポンカンやタンカンなど柑きつ類も豊富で、農作物から猿や鹿や高山植物まで、とにかく生命の豊かさにおいては世界でも残された数すくない場所と思われる。ガイアのふところに抱かれているようなものだ。

しかし、その屋久島でもうっかり浜を歩くとどこかしら廃油がこびりつくし（ここの沖は中東との石油街道で、タンカーがこっそり油槽を洗うらしい）、聞くところでは山小屋付近のゴミはなんと日本一のひどさだという。石油に依存した現代文明の構造と、ガイア的な認識をもたない人間の愚行からのがれるすべはないようだ。ハクスレーの『島』に描かれた理想郷パラも、石油資本と愚かなエゴによって崩壊してゆく。いまや、事態は六〇年代初頭にハクスレーが予想できなかったところまで確実に悪化しているにちがいない。自意識にめざめたガイアが、いままでどおり緩慢なサイバネティック・コントロールでみずからの健康を守ろうとするか、それとも天変地異や核戦争、あるいは人間に遺伝子的欠陥を発生させるといった過激な対応策にでるかは、今後二一世紀にはいるころまでにはっきりしてくるだろう。すでに〈彼女〉は、彼女のもっとも発達した情報系のひとつである人間社会のメディアをとおしてしきりに訴えている。「私に気づいて。私であることに気づいて」と——。『全地球カタログ』しかり、本書『地球生命圏』しかり、このあとがきしかり。われわれは〈彼女〉の触手であり、発達した神経組織と頭脳とテクノロジーを用いて、破滅を招くかわりに、全生命により豊かな未来を贈ることができるのだ。

同じ科学者でも技術畑の人らしいラヴロックは、生命に関する洞察において、たとえばライアル・ワトソンなどとくらべるとかなりきめが粗い。また、環境保護運動を世界的な経済退潮の一因としているあたりも、E・P・オダムらのエネルギー経済学やJ・リフキンのエントロピー経済論ぐらいは参考にしてほしいところだ。さらに、「核の冬」に関する研究が公表される前の著作であるためか、核戦争の全地球的影響を甘く見すぎている印象をぬぐえない。それらの点は、ガイア仮説そのものの重要性をそこなうものではないが、全体に散漫な語り口とともに一読者として不満が残った。

終わりに、自然のなかでの生活に無知なぼくをうけいれて、貴重な体験をさせてくれたエルクヴァレーの友人たち、本書の翻訳をすすめてくれた環境計画家の芹沢高志氏、屋久島移住をささえてくれた詩人の山尾三省氏、椎木山のジュンと有川さん、白川山の心やさしき人びとに感謝の意を表したい。このかん生活をともにし、ガイア意識を分かちあいながら成長の伴侶となってくれた妻と息子には、ただただ手を合わせるばかりである。そして、編集担当の十川さん、どうもありがとう。

一九八三年春

## ◉重版に寄せて

早いもので、本書の初版から一五年になろうとしている。本書と、同じ著者の続編『ガイアの時代』(工作舎)や『GAIA 生命惑星・地球』(NTT出版)を通じ、「ガイア」は地球環境時代の合言葉として定着した感がある。

しかし、ラヴロックの提起した問題は悲しいほどに変わっていない。それどころか、中国をはじめ新興アジア諸国などの発展ぶりを見るにつけ、今後いよいよ悪化のスピードを早めていく可能性が高い。地球サミットのお祭り騒ぎが終わってみれば、先進国の環境への取り組みも、及び腰が目立つ。

だからこそ、〝ガイアとともに生きる〟という考え方、そして何よりも実践がいっそう意味を深める。折しも、ラヴロックが地球環境問題解決への功労者に贈られる「ブループラネット賞」(旭硝子財団)を受賞した。ガイア説紹介の末席を汚した者として、心よりお祝い申し上げたい。二一世紀を迎えて、本書がガイアに気づき、その声に耳を傾ける一助にならんことを。

一九九七年秋

## ◉新装版に寄せて

思い出深い訳書に、初版から四〇年の時を経て対面した。そのかんに著者は他界し(2022)、敬服と違和感とが相半ばする恩師を失ったような淋しさと、後者を宿題として残された重荷を感じる。

まず礼儀として前者の敬意に触れると、久しぶりに本書を読み返しても、一九六〇~七〇年代という地球科学の黎明期に、大気組成から生命活動の影響を読み取った天才的な着想には胸躍るし、その複雑な影響の総和を地球大の有機体と捉えて、ギリシア神話の地母神にちなむ「ガイア」と名づけた慧眼には脱帽するしかない。この二つの組み合わせに、折しも宇宙計画からもたらされた瑠璃色に輝く地球の画像も相まって、多くの人びとを魅了すると同時に、一九九二年の地球サミットをはじめ〝環境の時代〟に先鞭をつけつつ、地球科学の興隆に少なからず貢献しただろう。とりわけ、その後いよいよ待ったなしの課題となった気候変動の解明にも、著者の先見が活かされているはずだ。

一方、違和感については、初版の「訳者後記にかえて」でも示唆したとおり、著者の核エネルギーへの向き合い方が最後まで受け入れ難かった。人類による核利用のうち、核兵器に関する記述は目立たないが、原子力に対しては本書の頃から容認の姿勢を鮮明にし、気候変動の進行による温暖化が顕著になった晩年は積極推進の立場に転じた。

私自身は、本書刊行後の一九八六年に起こったチェルノブイリ(チョルノービリ)原発事故以来、脱原発をライフワークの一つとし、国内外のさまざまな運動に関わってきた。その一端として、二〇〇五年から五年間、国際環境NGOグリーンピース・ジャパンの事務局長を務める中、核兵器廃絶や反原発/脱原発に取り組む日本の主要一三団体と連名で、著者に公開質問状を送った。原子力ムラの宣伝機関といえる原子力文化振興財団の新聞広告で、著者が原発支持の論陣を張ったことへの疑義を九項目にまとめた内容だ。

当時のデータは団体に属するため手元に質問状は残っていないものの、唯一の戦争被曝国の市民として「(放射線と紫外線の害に関し)今日騒がれている危険は嘘ではないが、誇張されすぎる傾向がある…(中略)…生命が最初に発展しつつあったころ、放射能の破壊的な切断力はかえって有益なものだったかもしれない」(第二章)という記述に代表される、マクロな視点優先の論調に危うさを感じること、同じく採掘、精錬、稼働、点検・管理、そして過酷事故まで原子力発電に伴う人間や社会へのリスクを、ガイアというマクロな視点から切り捨てるのは看過できないことを訴え、二〇一一年三月一一日に東京電力福島第一原発を襲った複合過酷事故を警戒するかのごとき文面だったと思う。残念ながら著者からの回答はなかったが、英国の同僚によれば、ご本人は質問状を気にかけており、いずれグリーンピース英国支部宛てに回答するつもりとのことだった(生前、回答があったとの情報はない)。

もちろん訳者として、著者が随所で回答のヒントになりそうな説明を試みていることは承知の上だ。しかし、いずれも私が「マクロ視点への固着」と呼ぶ傾向を免れず、前述公開質問状のような疑義は拭えない。

すでに故人となった著者に思いを馳せれば、ガイア説の提唱者として、マクロな視点を強調することに瑕疵はなかったのだろう。ただ、後知恵の利に乗じて一点だけ指摘すると、本書には「環境正義（Environmental Justice）」の概念が決定的に欠けている。それはおそらく時代的な限界でもあり、また著者自身が感情的・糾弾的な環境運動と距離を置いていたこととも関係する。著者は「環境正義などガイアと無縁」のひと言で済ませたかもしれない。

けれども、「われわれがガイアの不可欠部分としてのみずからの役割をうけいれるならば、われわれの苦しみはガイアの苦しみ」（第九章）であるなら、主に人間に起因する環境被害の多くが弱い立場の人びとに集中する不均衡・不公正から目をそらして済むとは思えない。環境正義とはこのことだし、私が原発の全廃を求めるのも、技術的な持続不可能性に加え、低開発国や僻地の人びと、そしてまだ声を持たない将来世代に問題を押しつけた上、民主主義と相容れない独断、情報隠蔽、異論封じなど、社会の歪みを生み出すからだ。歪んだ人類社会が「ガイアのパートナー」（第九章）にふさわしいだろうか。

そんなわけで、著者にとって私は〝厄介な日本語訳者〟だったはずだが、かといって版元に対し本書と続く『ガイアの時代』の翻訳許可を取り消したりはしない、寛容な方だった。寛容という点では、科学畑ではない訳者を受け入れてくれたことも特筆に値する。今回、本書を通読するに当たり、内心トンデモ誤訳がないか不安だったが、幸い訳文から推し量る限り大きな破綻はなく、むしろわれながら読みやすい日本語になっていて胸を撫でおろした。

他方、さすがに後記の「体験的ガイア論」は若気の至りをお許しいただきたい。新装版にこれを残すか版元に問い合わせたところ、残すというので相変わらずの太っ腹に、ここでも脱帽。かつて工作舎の看板だった月刊『遊』の四年にわたる連載(1979–82)が背景にあり、インドの師についた精神世界の旅から一転、カリフォルニアで応用生態学とも呼べる適正技術(Appropriate Technology)を齧ったあと、自然生活入門の山暮らしをしていた頃の話だ(詳しくは同じ版元の拙著『地球感覚、』参照)。

ところが、やはり後記は削除してもらうべきか迷いながら本文を読み進むと、「エピローグ」の末尾で著者自身、かなり大胆な〝ポエム〟っぽい記述に踏み込んでおり、私の後記と平仄(ひょうそく)が合っていると言えなくもない。結局、それなりに相性のいい著者と訳者だったのかもしれず、時代の記録として、一九八四年初版時の「訳者後記にかえて」も、一九九七年の「重版に寄せて」も残していただくことにした。

二〇二三年盛夏　星川 淳

**オゾン　Ozone**

非常に有毒で爆発性の高い青色ガス。酸素原子が二個でなく三個結合した、珍しいかたちの酸素である。われわれの呼吸する空気中にも、ふつう三〇分の一ｐｐｍたらず存在しているが、成層圏では五ｐｐｍと高濃度になる。

**ガイア仮説　Gaia Hypothesis**

地球、大気、そして海洋の物理化学条件が、かつてもそしていまも、生命自体の現存によって積極的に、生命にふさわしい快適なものに保たれているとする仮説。これは、生命の進化と惑星条件の変遷がまったく別個に進行し、そのなかで生命が惑星の諸条件に適応してきたとする従来の考え方と好対照をなす。

**好気性と嫌気性　Aerobic and Anaerobic**

字義的には空気のあるものとないものをさす。生物学者たちが、酸素の飽和した環境と欠乏した環境をあらわすのに用いる言葉。空気と接触するほとんどの地表面は好気性であるし、酸素の溶けこんだ海洋や河川、湖沼の大部分も好気性である。泥や土壌、動物の腸などはすべていちじるしい酸素欠乏状態にあり、嫌気性と呼ばれる。それらの場所には、酸素が大気中に混入する以前、地球の表面に生息していたものに近い微生物たちが住んでいる。

**恒常性　Homeostasis**

アメリカの生理学者ウォルター・キャノンの造語。環境の変化にたいして、生命体が維持する驚くべき恒久不変状態をさす。

**酸化と還元　Oxidation and Reduction**

化学者たちは、負電荷を帯びた電子の少ない物質や元素を酸化剤と呼ぶ。酸素、塩素、硝酸など多くの酸化剤がある。いっぽう、水素、大部分の燃料、金属など電子を多量に含んだ物質は還元性をもつ。酸化剤と還元剤は一般によく反応し、熱を発生するが、そのプロセスを酸化と呼ぶ。その燃焼からでる灰や廃ガスを化学的に処理すれば、もとの元素を回収することができる。二酸化炭素にこれをおこなって炭素をつくるようなプロセスが還元と呼ばれる。太陽光を浴びた緑色植物や藻類のなかでは、つねにこれが起こっている。

**酸性度とpH**（ペーハー）　**Acidity and pH**

通常の科学用語で酸といえば、正電荷をもった水素原子（化学者なら陽子と呼ぶ）を供出する物質をさす。ある酸の水溶液の強さは、そこに含まれる陽子の濃度としてあらわされる。これはふつう、ごく強い酸で〇・一パーセントから、ソーダ水の炭酸のようなごく弱い酸で存在比一〇億分の一にわたる。奇妙なことに、化学者たちは酸性度をpH（ペーハー）と呼ばれる対数単位でさかさまにあらわす。つまり、強い酸はpH１、非常に弱い酸がpH７である。

**成層圏　Stratosphere**

対流圏のすぐ上層にあり、高度七～一〇マイルの圏界面と高度約四〇マイルの中間圏にはさまれている。これらの界面は場所や季節によって変化し、そのあいだでは高度上昇につれて温度が下がるかわりに上がる。成層圏にはオゾン層がみられる。

**生命　Life**
地球の表面と海洋中にみられる一般的事象。水素、炭素、酸素、窒素、硫黄、リンなどの基本元素や、他の微量元素の複雑な組み合わせからなる。ほとんどの生命形態は、それまでに経験がなくとも即座に認識することができ、おうおうにして食用に適す。けれども、現在までのところ、生命をはっきりと物理的に定義しようとする試みはすべて失敗に終わっている。

**対流圏　Troposphere**
空気の九〇パーセントは、地表と地上七〜一〇マイルの圏界面とのあいだにあって、この部分を対流圏と呼ぶ。大気圏中生命が存在するのはここだけで、ふだん目にする〈気象〉が起こるのもこの圏内にかぎられる。

**非生物的　Abiological**
字義どおりには生命のないことをさすが、専門用語としては、最終結果あるいは産物を生みだすうえで、生命がまったく関与していない状況をあらわすのに使われる。月面上のどこからとった岩石片も非生物的に形成されたものであるいっぽう、地球表面のほとんどすべての岩石は、大なり小なり、あるていど生命の存在によって変化をうけている。

**平衡と安定状態　Equilibrium and Steady State**

これらの術語は、よくみられる安定性の二条件をあらわすものである。四本脚のうえに安定したテーブルは〈平衡状態〉にある。じっと静止した馬は、無意識ながら積極的(能動的)にその姿勢を保っているので、〈安定状態〉にあるとされる。死んでしまったら、馬は地面に崩れるだろう。

**容量モル濃度とモル液　Molarity／Molar Solution**

化学者たちは、溶液の強さを容量モル濃度と呼ばれるものであらわすことを好む。これによって比較の基準が固まるからである。モルあるいはグラム分子とは、ある物質の分子の重さをグラムであらわしたもので、モル溶液は一リットル中に溶質一モルを含む。すなわち、通常の「塩」(塩化ナトリウム)〇・八モル溶液には、通常でない塩、たとえば過塩素酸リチウム〇・八モル溶液と同数の分子が含まれるが、塩化ナトリウムのほうが過塩素酸リチウムより分子重量が低いため、前者は重さで四・七パーセントの固体を、後者は一〇・三パーセントの固体を含む。それでもなおかつ、両方とも同数の分子を含み、塩度も等しいのである。

## ◉参考文献


### 第一章

Thomas D. Brock, *Biology of Microorganisms*. Prentice-Hall, New Jersey, 2nd edn. 1974.
『微生物学概論』上下　関文威／柳沢嘉一郎訳，共立出版　1977, 8

Fred Hoyle, *Astronomy and Cosmology*. W. H. Freeman, San Francisco, 1975.

Lynn Margulis, *Evolution of Cells*. Harvard University Press. 1978.

I. G. Gass, P. J. Smith and R. C. L. Wilson (eds.), *Understanding the Earth*. The Artemis Press, Sussex, 1971.
『地球の探究』１２　みすず書房　1975

### 第二章

A. Lee McAlester, *The History of Life*. Prentice-Hall, N. J., 2nd edn. 1977.
『地球生物学入門——生命の歴史』大森昌衛訳，共立出版　1982

J. C. G. Walker, *Earth History*. Scientific American Books, N. Y., 1978.

### 第三章

B. H. Svensson and R. Söderlund, 'Nitrogen, Phosphorus and Sulphur: Global Cycles', *Scope Ecological Bulletin*, No. 22, 1976.

A. J. Watson, 'Consequences for the biosphere of grassland and forest fires'. Reading University thesis, 1978.

### 第四章

J. Klir and M. Valach, *Cybernetic Modelling*. Iliffe Books, London, 1967.
Douglas S. Riggs, *Control Theory and Physiological Feedback Mechanisms*. Williams & Wilkins, Baltimore, Md.; new edn. Krieger, N. Y., 1976.

### 第五章

Richard M. Goody and James C. Walker, *Atmospheres*. Prentice-Hall (Foundations of Earth Science Series), N. J., 1972.
W. Seiler (ed.), 'The Influence of the Biosphere on the Atmosphere', *Pageoph* [*Pure and Applied Geophysics*]. Birkhäuser Verlag, Basle, 1978.

### 第六章

G. E. Hutchinson, *A Treatise on Limnology*, 2 vols. Wiley, N. Y. (vol. 1 1957, new edn. 1975; vol. 2 1967).
Robert M. Garrels and Fred T. Mackenzie, *Evolution of Sedimentary Rocks*. W. W. Norton, N. Y., 1971.
Wallace S. Broecker, *Chemical Oceanography*. Harcourt Brace Jovanovich, N. Y., 1974.

## 第七章

Rachel Carson, *Silent Spring.* Houghton Mifflin, Boston, 1962; Hamish Hamilton, London, 1963.
『沈黙の春』青樹簗一訳、新潮文庫　1974

K. Mellanby, ***Pesticides and Pollution.*** Collins (New Naturalist Series), London, 1970.

National Academy of Sciences, ***Halocarbons: Effects on Stratospheric Ozone.*** NAS, Washington, D.C., 1976.

## 第八章

R. H. Whittaker, ***Communities and Ecosystems.*** Collier-Macmillan, N. Y., 2nd edn. 1975.
『ホイッタカー生態学概説――生物群集と生態系』宝月欣二訳、培風館　1979

E. O. Wilson, *Sociobiology: The New Synthesis.* Harvard University Press, 1975.
『社会生物学』１～5　伊藤嘉昭監修、思索社　1983～5

## 第九章

Lewis Thomas, *Lives of a Cell: Notes of a Biology Watcher.* Viking Press, N. Y., 1974; Bantam Books, N. Y., 1975.
『細胞から大宇宙へ――メッセージはバッハ』橋口稔／石川統訳、平凡社　1976

### ガイア仮説についての論文

J. E. Lovelock, 'Gaia as seen through the atmosphere', *Atmospheric Environment*, **6**, 579 (1972).

J. E. Lovelock and Lynn Margulis, 'Atmospheric homeostasis by and for the biosphere: the Gaia hypothesis', *Tellus*, **26**, 2 (1973).

Lynn Margulis and J. E. Lovelock, 'Biological modulation of the Earth's atmosphere', *Icarus*, **21**, 471 (1974).

J. E. Lovelock and S. R. Epton, 'The Quest for Gaia', *New Scientist*, 6 Feb. 1975.

'Thermodynamics and the recognition of alien biospheres', *Proceedings of the Royal Society of London*, **B**, 189, 30 (1975).

### 関連論文

I. Prigogine, 'Irreversibility as a symmetry-breaking process', *Nature*, **246**, 67 (1973).

L. G. Sillen, 'Regulation of $O_2$, $N_2$ and $CO_2$ in the atmosphere: thoughts of a laboratory chemist', *Tellus*, **18**, 198 (1968).

E. J. Conway, 'The geochemical evolution of the ocean', *Proceedings of the Royal Irish Academy*, **B48**, 119 (1942).

C. E. Junge, M. Schidlowski, R. Eichmann, and H. Pietrek, 'Model calculations for the terrestrial carbon cycle', *Journal of Geophysical Research*, **80**, 4542 (1975).

Robert M. Garrels, Abraham Lerman, and Fred T. Mackenzie, 'Controls of atmospheric $O_2$ and $CO_2$ past, present and future', *American Scientist*, **64**, 306 (1976).

René Dubos, 'Symbiosis between Earth and Humankind', *Science*, **193**, 459 (1976).

Ann Sellers and A. J. Meadows, 'Long-term variation in the albedo and surface temperature of the Earth', *Nature*, **254**, 44 (1975).

●著者紹介

**ジェームズ・ラヴロック**　James E. Lovelock〔1919–2022〕

研究資金の大半を自らの発明でまかない、イギリス南部、ウィルツシャー田園の自宅をベースに仕事を続けたフリーの科学者。彼の発明した電子捕獲検出器は、環境分析に革命をもたらした。

一九四一年、マンチェスター大学を化学者として卒業。ロンドン大学で生物物理学の博士号を取得。衛生学・熱帯医学においても博士となる。ハーヴァード大学医学部研究員、ベイラー大学医学部・化学教授等を経てフリーに。

NASAの宇宙計画のコンサルタントとして、火星の生命探査計画に参画したことが「ガイア仮説」誕生の契機となる。次作『ガイアの時代』(工作舎)では、「ガイア仮説」から「ガイア理論」へと実証的に展開。図説『GAIA　生命・惑星・地球』(NTT出版)も刊行。

一九七四年よりロイヤルソサエティ会員。またレディング大学サイバネティックス学部客員教授も歴任。

一九九七年、第六回ブループラネット賞(旭硝子財団)受賞。

二一世紀に入ると、ガイア理論は広く受容されるようになり、プロスペクト誌で「一〇〇人の世界的知識人」に選ばれるなど彼の評価は定着し、ロンドン地質学会よりウォラストン・メダルを授与される。『ガイアの復讐』(中央公論社)、『ノヴァセン』(NHK出版)も邦訳刊行された。一〇三歳の誕生日(七月二六日)に他界。

## ●訳者紹介

**星川 淳** Jun Hoshikawa

一九五二年、東京生まれ。日米の大学中退と、インドおよび米国での〝遊学〟を経て、一九八二年より屋久島在住。二〇〇五～一〇年、国際環境NGOグリーンピース・ジャパン事務局長、二〇一〇年から市民活動助成基金アクト・ビヨンド・トラスト代表理事を歴任。

著書に『地球感覚、』『屋久島の時間』（工作舎）、『魂の民主主義』（築地書館）、『タマサイ』（南方新社）、訳書に『存在の詩』（めるくまーる）をはじめとするOSHO講話録、U・K・ル＝グィン『オールウェイズ・カミングホーム』（平凡社）、P・アンダーウッド『一万年の旅路』（翔泳社）、B・E・ジョハンセン他『アメリカ建国とイロコイ民主制』（みすず書房）、共著に坂本龍一監修『非戦』（幻冬舎）、監訳にA・V・ヤブロコフ他『調査報告 チェルノブイリ被害の全貌』（岩波書店）、共訳にラムダス『ビー・ヒア・ナウ』（平河出版社）ほか多数。

**地球生命圏——ガイアの科学　新装版**

---

発行日——一九八四年一〇月一五日初版　二〇二三年一一月二〇日新装版
著者——ジェームズ・ラヴロック
訳者——星川 淳
編集——十川治江
エディトリアル・デザイン——海野幸裕＋宮城安総
印刷製本——シナノ印刷株式会社
発行者——岡田澄江
発行——工作舎　editorial corporation for human becoming
〒169-0072 東京都新宿区大久保2-4-12 新宿ラムダックスビル 12F
phone 03-5155-8940　fax 03-5155-8941
url : www.kousakusha.co.jp　e-mail : saturn@kousakusha.co.jp
ISBN978-4-87502-559-7

## ガイアの時代

◆J・ラヴロック　ルイス・トマス＝序文　星川 淳＝訳

酸性雨、二酸化炭素、森林伐採…病んだ地球は誰が癒すのか？40億年の地球の進化・成長史を豊富な事例によって鮮やかに検証、ガイアの病いの真の原因を究明する。

●四六判上製●392頁●定価　本体2330円＋税

## タオ自然学

◆F・カプラ　吉福伸逸＋田中三彦ほか＝訳

タオイズムの陰と陽に、粒子と波動性の相補性を重ね合わせる。気鋭の理論物理学者による、東洋と西洋の自然観を結ぶ壮大かつ魅力的な試み。世界18か国語に翻訳されたベストセラー。

●A5判変型上製●386頁●定価　本体2200円＋税

## 新ターニング・ポイント

◆F・カプラ　吉福伸逸＋田中三彦ほか＝訳

政治経済の混迷、医療不信、自然破壊。この危機的状況の原因は、機械論的な世界観にある！　大著『ターニング・ポイント』を簡潔にまとめ、最新情報を加えた濃縮新版。

●四六判上製●336頁●定価　本体1900円＋税

## ホロン革命 新装版

◆アーサー・ケストラー　田中三彦＋吉岡佳子＝訳

生物、社会、宇宙全体に、絶対的な「部分」や「全体」は存在しない。有機体は部分と全体の両面をもつ「ホロン」からなる多層システムである。「ホロン」の創造性を提唱したシステム論。

●四六判上製●416頁●定価　本体2800円＋税

## 屋久島の時間（とき）

◆星川 淳

世界遺産、屋久島に移り半農半著生活を続ける著者が綴る、とびきりの春夏秋冬。雪の温泉で身を清める新年からマツムシの大合唱を聴く秋まで、自然との共生を教えてくれる好著。

●四六判上製●232頁●定価　本体1900円＋税

## ソバとシジミチョウ

◆宮下 直

絶滅危惧種の蝶ミヤマシジミとソバの実りを調べた長野県飯島町でのフィールドワークを中心に、里山の生物多様性、人－自然－生物の相互依存的な関係をわかりやすく綴ったエッセイ。

●四六判●256頁●定価　本体2600円＋税